国之重器出版工程

网络强国建设

"十三五"

国家重点出版物出版规划项目

学术中国·空间信息网络系列

空间信息网络传输协议

Transmission Protocols for Space Information Networks

王俊峰　罗琴　李晓慧　孙富春　著

U0301494

人民邮电出版社

北　京

图书在版编目（CIP）数据

空间信息网络传输协议 / 王俊峰等著. -- 北京：
人民邮电出版社，2020.7（2023.1重印）
（国之重器出版工程. 学术中国. 空间信息网络系列）
ISBN 978-7-115-52889-6

Ⅰ. ①空… Ⅱ. ①王… Ⅲ. ①空间信息技术－数据传
输技术 Ⅳ. ①TN919.3

中国版本图书馆CIP数据核字(2019)第289537号

内 容 提 要

本书系统、全面地介绍了空间信息网络的特点及其对传输协议造成的影响；重点介绍和讨论了空间信息网络传输协议最新的研究方法和研究成果，内容涵盖了空间信息网络传输协议设计所需的基础知识、增强视频传输质量的部分可靠传输协议、基于学习型效用模型和在线学习框架的可靠传输协议、基于容迟业务的低优先级可靠传输协议、基于喷泉码和可靠用户数据报协议（User Datagram Protocol，UDP）的空间网络传输协议、基于喷泉码的多径可靠传输协议以及基于传输控制协议（Transmission Control Protocol，TCP）的改进传输协议等内容。本书通过对这些协议的构造原理、实施过程、实验环境和性能等方面进行深入的分析，让读者能够更加深刻地理解这些协议的实现原理与应用特点。

本书既可作为高等院校网络或计算机相关专业的本科生和研究生相关课程的教材，也可作为从事空间信息网络相关领域研究、开发和管理人员的参考资料。

◆ 著　　　　王俊峰　罗　琴　李晓慧　孙富春
　　责任编辑　代晓丽
　　责任印制　杨林杰
◆ 人民邮电出版社出版发行　　北京市丰台区成寿寺路 11 号
　　邮编　100164　　电子邮件　315@ptpress.com.cn
　　网址　https://www.ptpress.com.cn
　　固安县铭成印刷有限公司印刷
◆ 开本：720×1000　1/16
　　印张：15.75　　　　　　　　　2020 年 7 月第 1 版
　　字数：292 千字　　　　　　　2023 年 1 月河北第 4 次印刷

定价：139.00 元

读者服务热线：(010)81055493　印装质量热线：(010)81055316
反盗版热线：(010)81055315

专家委员会委员（按姓氏笔画排列）：

于　全　中国工程院院士

王　越　中国科学院院士、中国工程院院士

王小谟　中国工程院院士

王少萍　"长江学者奖励计划"特聘教授

王建民　清华大学软件学院院长

王哲荣　中国工程院院士

尤肖虎　"长江学者奖励计划"特聘教授

邓玉林　国际宇航科学院院士

邓宗全　中国工程院院士

甘晓华　中国工程院院士

叶培建　人民科学家、中国科学院院士

朱英富　中国工程院院士

朵英贤　中国工程院院士

邬贺铨　中国工程院院士

刘大响　中国工程院院士

刘辛军　"长江学者奖励计划"特聘教授

刘怡昕　中国工程院院士

刘韵洁　中国工程院院士

孙逢春　中国工程院院士

苏东林　中国工程院院士

苏彦庆　"长江学者奖励计划"特聘教授

苏哲子　中国工程院院士

李寿平　国际宇航科学院院士

李伯虎	中国工程院院士
李应红	中国科学院院士
李春明	中国兵器工业集团首席专家
李莹辉	国际宇航科学院院士
李得天	国际宇航科学院院士
李新亚	国家制造强国建设战略咨询委员会委员、中国机械工业联合会副会长
杨绍卿	中国工程院院士
杨德森	中国工程院院士
吴伟仁	中国工程院院士
宋爱国	国家杰出青年科学基金获得者
张　彦	电气电子工程师学会会士、英国工程技术学会会士
张宏科	北京交通大学下一代互联网互联设备国家工程实验室主任
陆　军	中国工程院院士
陆建勋	中国工程院院士
陆燕荪	国家制造强国建设战略咨询委员会委员、原机械工业部副部长
陈　谋	国家杰出青年科学基金获得者
陈一坚	中国工程院院士
陈懋章	中国工程院院士
金东寒	中国工程院院士
周立伟	中国工程院院士

郑纬民　中国工程院院士

郑建华　中国科学院院士

屈贤明　国家制造强国建设战略咨询委员会委员、工业
　　　　和信息化部智能制造专家咨询委员会副主任

项昌乐　中国工程院院士

赵沁平　中国工程院院士

郝　跃　中国科学院院士

柳百成　中国工程院院士

段海滨　"长江学者奖励计划"特聘教授

侯增广　国家杰出青年科学基金获得者

闻雪友　中国工程院院士

姜会林　中国工程院院士

徐德民　中国工程院院士

唐长红　中国工程院院士

黄　维　中国科学院院士

黄卫东　"长江学者奖励计划"特聘教授

黄先祥　中国工程院院士

康　锐　"长江学者奖励计划"特聘教授

董景辰　工业和信息化部智能制造专家咨询委员会委员

焦宗夏　"长江学者奖励计划"特聘教授

谭春林　航天系统开发总师

前　言

空间信息网络是以空间平台（如同步卫星、中低轨道卫星、平流层飞艇和有人或无人驾驶航空器等）为载体，实时获取、传输和处理空间信息的网络系统。空间信息网络以天基网络为核心，由不同平台载体及地面系统构成，可支持深空探测、导航定位、航空运输、远洋航行、应急救援、对地观测等应用。

随着航天技术的飞速发展和对太空资源日益激烈的争夺，很多国家在加大对空间信息网络的建设力度。我国在国家自然科学基金项目、国家 863 计划等科技项目中部署了与空间信息系统相关的研究和关键技术攻关工作。在系统层面，2018 年 12 月 22 日，"虹云工程"首星发射成功，标志着我国低轨宽带通信卫星系统建设迈出了实质性的一步。2019 年 6 月 25 日，第 46 颗北斗导航卫星成功发射，我国离"2020 年建成覆盖全球的北斗卫星导航系统"的目标又进了一步。

传输协议是空间信息网络建设的关键技术，也是目前需要迫切解决的问题。自 2003 年以来，作者及所在研究团队开展了空间信息网络传输协议方面的研究工作，取得了一定的研究成果。本书系统地总结了作者近年来在空间信息网络传输协议研究方面的工作。

本书主要介绍并讨论了空间信息网络的特点及其对传输协议造成的影响；按照不同的分类方法，对空间信息网络传输协议进行概述；基于空间信息网络的网络特点及多种业务类型，提出多种传输协议，并且利用模拟平台和真实的测试环境进行实验，详细分析了协议性能的各项数据指标。本书共分为 10 章，具体内容如下。

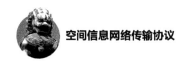

第 1 章空间信息网络特点对传输协议造成的影响研究，主要介绍了空间信息网络的信道特点、可靠传输协议机制，重点介绍了空间信息网络影响传输协议性能的因素，为后续设计适用于空间信息网络的传输协议提供预备知识。

第 2 章空间信息网络传输协议概述，针对 7 种不同分类方法，对现有的空间信息网络传输协议代表性解决方案进行综述。

第 3 章增强视频传输质量的部分可靠传输协议，针对卫星网络下视频应用传输中经历的高带宽时延积、高链路误码现象，提出了一种增强视频传输质量的自调节部分可靠传输（Automatically Partially Reliable Transfer，APRT）协议。实验表明，APRT 协议能在卫星网络中自适应地增强视频播放质量。

第 4 章基于学习型效用模型和在线学习框架的可靠传输协议，提出了一种基于学习型效用模型的"机器生成"的可靠传输协议 Hita，通过可获得的网络参数信息，利用智能化的算法，为卫星网络提供既谨慎又高效、快速变化的拥塞窗口控制协议。

第 5 章基于容迟业务的低优先级可靠传输协议，针对卫星网络中的次要业务的高效可靠传输问题，提出了一种端到端的基于低优先级的自适应可靠传输协议（Adaptive Low-Priority Reliable Transmission Protocol，ALP）。通过仿真及实际网络测试，证明 ALP 不但比其他低优先级协议实现了更优化的协议效率和协议内公平性，还优化了网络的总体利用率。

第 6 章基于喷泉码和可靠用户数据报协议（User Datagram Protocol，UDP）的空间网络传输协议，针对航空自组网恶劣的信道环境，研究了喷泉码和可靠 UDP 相结合的可靠数据传输协议 FRUDP。实验结果表明，在动态的航空自组网环境中，FRUDP 优于其他基于喷泉码的传输协议，能在航空自组网中提供高效的可靠数据传输服务。

第 7 章基于喷泉码的多径可靠传输协议，针对航空自组网多径、异构特点，研究基于喷泉码的多径可靠传输协议 AeroMRP。实验结果显示，AeroMRP 优于其他的多径传输协议，能在异构多径的航空自组网中提供可靠且高效的数据传输服务。

第 8 章传输控制协议（Transmission Control Protocol，TCP）延迟更新模块的研究，为了缓解网络中的过度缓存问题，同时不影响网络整体的传输性能，设计并基于 Cubic 实现了一个 TCP 延迟更新模块。仿真实验结果表明，延迟更新模块与原有协议共同实现拥塞控制，简单易行，能够在保证全网传输效率的同时，有效减少分组丢失，降低排队时延，同时也具备较好的公平性和 TCP 友好性。

第 9 章 TCP 动态数据压缩方案的研究，针对 TCP 在卫星网络等带宽受限网络中的性能问题，提出了一个动态 TCP 数据压缩方案 TCPComp，通过在传输层实现对数据的压缩，减少在链路上传输的数据量。真实网络的实验，验证了 TCPComp 能大大地提升带宽受限网络中的 TCP 性能。

第 10 章自适应拥塞控制机制的研究，针对日趋动态、异构化的网络环境，研究自适应拥塞控制框架，根据不同的网络状态选择不同的拥塞控制算法，提升动态网络环境中协议的传输性能。

本书相关的研究工作得到了国家自然科学基金资助项目（No.91338107，No.914338119，No.91438120）、国家重点研发计划基金资助项目（No.2016QY06X1205，No.2016YFB0800605）等的大力资助，在此一并感谢。

由于空间信息网络一直处于发展中，且作者学识及经验有限，书中难免会有疏漏之处，恳请广大读者批评指正。

作 者

2019 年 11 月

目 录

第1章　空间信息网络特点对传输协议造成的影响研究 ················· 001

1.1　引言 ·· 002

1.2　空间信息网络特点 ·· 002

1.3　可靠传输协议机制概述 ··· 005

1.4　空间信息网络影响传输协议性能的因素 ······························ 007

　　1.4.1　比特误码率 ·· 007

　　1.4.2　往返时延 ·· 008

　　1.4.3　连通性与持续性 ·· 008

　　1.4.4　非对称正向和反向链路容量 ······································· 009

　　1.4.5　带宽时延积 ·· 009

　　1.4.6　数据分组丢失原因 ·· 010

　　1.4.7　链路带宽容量 ··· 010

　　1.4.8　多径传输 ·· 010

　　1.4.9　CPU 和内存容量 ··· 011

　　1.4.10　通信目标 ·· 011

参考文献 ·· 012

第2章　空间信息网络传输协议概述 ·· 015

2.1　基于不同体系架构的传输协议研究 ······································ 016

　　2.1.1　基于 TCP/IP 体系架构 ··· 016

　　2.1.2　基于 CCSDS 体系架构 ··· 021

　　2.1.3　基于 DTN 体系架构 ·· 025

2.2　基于不同层次的传输协议研究 ··· 027

　　2.2.1　基于传统 TCP 的优化传输 ··· 027

　　2.2.2　基于 UDP 的应用层可靠传输 ····································· 033

　　2.2.3　跨层交互传输 ··· 035

2.3　基于不同拥塞判定方法的传输协议研究 ································ 036

　　2.3.1　基于分组丢失 ··· 036

　　2.3.2　基于队列时延 ··· 037

2.3.3 基于分组丢失和时延的混合方法 ················· 038

2.3.4 基于学习 ·· 039

2.3.5 显示拥塞通知 ·· 041

2.4 基于不同优先级的传输协议研究 ····················· 041

2.4.1 主流不区分优先级传输 ································ 041

2.4.2 低优先级传输 ·· 042

2.5 基于不同部署方式的传输协议研究 ················· 043

2.5.1 双边部署传输协议 ·· 043

2.5.2 单边部署传输协议 ·· 043

2.6 基于不同拥塞控制方法的传输协议研究 ·········· 044

2.6.1 基于窗口 ·· 044

2.6.2 基于速率 ·· 044

2.7 基于不同连接机制的传输协议研究 ················· 045

2.7.1 端到端连接 ··· 045

2.7.2 分段连接 ·· 046

参考文献 ··· 047

第 3 章 增强视频传输质量的部分可靠传输协议 ··········· 053

3.1 引言 ··· 054

3.2 视频传输策略框架概述 ······································ 055

3.3 基于隐马尔可夫模型的视频传输算法 ············· 056

3.3.1 建模 ·· 056

3.3.2 离线训练阶段 ··· 058

3.3.3 在线预测阶段 ··· 058

3.3.4 拥塞控制 ·· 062

3.4 仿真评价 ··· 063

3.4.1 仿真场景设置 ··· 063

3.4.2 单条数据流实验场景 ···································· 064

3.4.3 并发数据流实验场景 ···································· 073

3.5 小结 ··· 079

参考文献 ··· 079

第 4 章 基于学习型效用模型和在线学习框架的可靠传输协议 ········· 081

4.1 引言 ··· 082

4.2 网络学习算法概述 083
4.2.1 学习算法框架概述 084
4.2.2 网络状态学习步骤 084

4.3 协议算法流程 087
4.3.1 网络参数更新 087
4.3.2 网络状态建模算法 088
4.3.3 拥塞窗口确定 089
4.3.4 参数讨论 091

4.4 协议性能评价 093
4.4.1 仿真评价 093
4.4.2 半实物仿真性能评价 100
4.4.3 网络实测结果 104

4.5 小结 105

参考文献 106

第5章 基于容迟业务的低优先级可靠传输协议 107

5.1 引言 108

5.2 自适应低优先级网络近似模型及参数概述 109
5.2.1 协议框架 109
5.2.2 流体近似模型 110
5.2.3 网络参数更新 111

5.3 低优先级的拥塞控制机制 113
5.3.1 网络状态估计 113
5.3.2 自适应低优先级窗口控制机制 114
5.3.3 ALP 与高优先级数据流之间的友好性 116

5.4 性能评估 116
5.4.1 仿真评价 116
5.4.2 卫星网络场景仿真评估 124
5.4.3 网络实测结果评价 127

5.5 小结 130

参考文献 130

第6章 基于喷泉码和可靠 UDP 的空间网络传输协议 133

6.1 引言 134

6.2　FRUDP 框架概述 ··· 135

6.3　编码速率决定算法 ··· 137

　　6.3.1　预估网络分组丢失率 ·· 137

　　6.3.2　计算解码失败概率 ·· 138

　　6.3.3　确定编码速率 ·· 139

6.4　拥塞控制机制 ··· 139

　　6.4.1　处理分组丢失 ·· 140

　　6.4.2　收到数据分组确认 ·· 141

6.5　性能评价 ··· 143

　　6.5.1　参数设置 ·· 143

　　6.5.2　分组丢失冗余分析 ·· 145

　　6.5.3　拥塞控制机制实验评价 ·· 146

　　6.5.4　动态航空自组网中的性能分析 ···································· 149

6.6　小结 ··· 152

参考文献 ··· 152

第 7 章　基于喷泉码的多径可靠传输协议 ······································ 153

7.1　引言 ··· 154

7.2　AeroMRP 框架概述 ··· 155

7.3　基于航空应用类型的编码速率选择算法 ····································· 156

　　7.3.1　基于可变分组丢失范围计算解码失败概率 ·························· 157

　　7.3.2　讨论 N_{total} 的取值 ······································· 157

　　7.3.3　选择编码速率 ·· 158

7.4　基于反馈的数据分组调度机制 ·· 158

　　7.4.1　计算期望分组到达时间 ·· 159

　　7.4.2　分配数据分组到子流 ·· 161

7.5　仿真评价 ··· 162

　　7.5.1　不同类型航空应用分组丢失冗余分析 ······························ 163

　　7.5.2　基于反馈的数据分组调度机制实验评价 ···························· 165

　　7.5.3　多径航空自组网中的性能分析 ···································· 169

7.6　小结 ··· 171

参考文献 ··· 172

第 8 章　TCP 延迟更新模块的研究 ································ **173**

8.1　引言 ··· 174

8.2　TCP 延迟更新概述 ··· 175

8.3　TCP 延迟更新模块 ··· 176

　　8.3.1　基于带宽利用率的网络拥塞预测算法 ······················ 176

　　8.3.2　窗口更新控制方法 ·· 177

　　8.3.3　TCP 延迟更新模块的具体方案 ···························· 177

8.4　仿真实验结果 ··· 179

　　8.4.1　实验拓扑 ·· 180

　　8.4.2　实验结果与分析 ·· 181

8.5　小结 ··· 192

参考文献 ·· 193

第 9 章　TCP 动态数据压缩方案的研究 ·························· **195**

9.1　引言 ··· 196

9.2　TCPComp 方案概述 ·· 197

9.3　动态压缩决策机制 ·· 198

　　9.3.1　不同应用数据类型压缩比研究 ···························· 199

　　9.3.2　压缩决策机制 ·· 199

9.4　基于卡尔曼滤波的压缩比估计算法 ······························ 200

9.5　性能评价 ·· 201

　　9.5.1　性能指标的定义 ·· 202

　　9.5.2　实验系统平台 ·· 202

　　9.5.3　关于 expected_size 参数取值的讨论 ····················· 203

　　9.5.4　压缩比估计算法的实验评价 ······························ 205

　　9.5.5　与其他方案的性能对比 ··································· 206

9.6　小结 ··· 210

参考文献 ·· 210

第 10 章　自适应拥塞控制机制的研究 ··························· **213**

10.1　引言 ·· 214

10.2　ACCF ··· 215

10.3　基于高带宽时延积网络的 ACCF 实例研究 ···················· 216

10.3.1 拥塞控制机制的适应性分析 ·············· 217

10.3.2 拥塞控制机制间的切换 ················ 217

10.4 实验结果 ······························ 221

10.4.1 基于仿真实验的性能评价 ·············· 221

10.4.2 真实网络环境中的性能评价 ············ 228

10.5 讨论 ································· 231

10.6 小结 ································· 232

参考文献 ·································· 232

名词索引 ····································· 235

第 1 章

空间信息网络特点对传输协议
造成的影响研究

本章研究空间信息网络的特点以及其对传统传输协议性能的影响。由于空间环境的复杂性，传统传输控制协议在空间信息网络上运行会产生负面影响，导致其性能大幅度下降。因此，在进行空间信息网络传输协议设计时，必须考虑空间信息网络特点的影响。本章着重讨论空间信息网络中比特误码率、往返时延、连通性与持续性、非对称正向和反向链路容量、带宽时延积等对传统传输协议性能的影响，为设计适用于空间信息网络的传输协议、提高空间信息网络传输能力提供一定的前提条件。

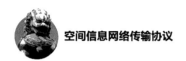
│ 1.1　引言 │

空间信息网络是以空间平台（如同步卫星、中低轨道卫星、平流层飞艇和有人或无人驾驶航空器等）为载体，实时获取、传输和处理空间信息的网络系统。其骨干通信网一般由在轨运行的多颗卫星及卫星星座组成，可为各种空间任务（如气象、环境与灾害监测、资源勘察、地形测绘、侦察、通信广播和科学探测等）提供集成的通信服务。作为国家的重要基础设施，空间信息网络向下可支持对地观测的高动态、高宽带实时传输，向上可支持深空探测的超远程、大时延可靠传输，从而将人类科学、文化、生产活动拓展至空间、远洋。空间信息网络的核心是卫星通信网，是单一卫星通信系统的进一步发展，同时也是 Ad Hoc 网络在空间方向上的拓展。

不同于传统的无线链路，空间环境的复杂性和多变性使得在进行空间信息网络传输协议设计时，必须考虑到空间信息网络特点对传输协议的影响，并设法将其减到最小。

│1.2　空间信息网络特点 │

空间信息网络系统组成如图 1-1 所示。根据网络空间分布情况，将空间信息网络划分为以下几个主要组成部分。

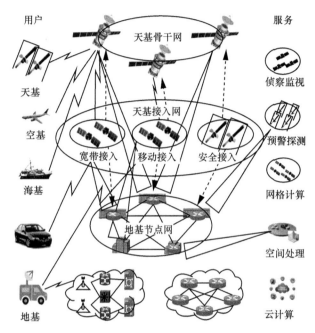

图 1-1　空间信息网络系统组成

（1）天基骨干网

整个天基骨干网由 3～5 个分布在不同轨道位置上的地球同步轨道（Geostationary Earth Orbit，GEO）卫星簇组成。一颗或多颗 GEO 卫星组成一个 GEO 卫星簇。GEO 卫星簇逻辑上可以看作一个卫星节点，但实际可能包括导航、通信、遥感、中继等多种卫星，协作完成多种功能，包括信息获取、处理、传输、交换、存储、计算、分发等。GEO 卫星簇之间和簇内各卫星之间可通过高速的微波或激光星间链路实现信息交换。

（2）天基接入网

天基接入网主要包括各类宽带接入、移动接入和安全接入，具体包含以下几个部分。

- 中低轨卫星：中低轨卫星作为天基 GEO 卫星骨干网的补充，可改善高纬度地区和极区的服务性能。这些卫星可能工作在倾斜地球同步轨道（Inclined Geosynchronous Orbit，IGSO）、高椭圆轨道（Highly Elliptical Orbit，HEO）、

中地球轨道（Middle Earth Orbit，MEO）或低地球轨道（Low Earth Orbit，LEO）上，可以通过星间链路实现与天基骨干网之间的信息交换。

- 导航卫星：导航卫星通过天基骨干网接入空间信息网，既能用于导航信息的注入，也能利用其他子网实现导航服务的增强。

- 各类航天器：包括飞船、空间站、导弹、火箭等。这些航天器不仅自身具备通信功能，还具备信息获取和在轨处理功能，一般通过高速微波或激光链路接入天基骨干网。

- 升空平台：升空平台主要布设在应急救援、城市热点等区域，实现区域内的通信、导航、遥感增强。各升空平台之间、升空平台与地面/卫星节点之间可以通过微波或激光链路接入天基骨干网。

（3）地面信息网络

地面信息网络主要包含以下几个部分。

- 地面及低空用户终端：包含各类手持终端、便携站、固定站、车载站、舰载站、无人机、飞行器等。这些用户终端可以通过天基骨干网、中低轨卫星网、各类航天器或升空平台网接入空间信息网，获取各类信息服务。用户终端一般使用微波链路实现其与各类空间平台之间的信息交换，仅有极少数的宽带用户终端可能会具备与空间平台之间的激光通信能力。

- 地基节点网：各类地面及低空用户终端通过地基节点网实现与空间信息网络的互联互通，同时地面的骨干网络也通过地基节点网接入空间信息网，从而形成天地双骨干网的架构。

空间信息网络可支持的服务主要包括侦察监视、预警探测、网格计算、空间处理以及云计算等。业务要素主要包括以下4类。

- 常规通信业务：主要指传统数据、语音、图像等面向用户提供的常规通信业务，具有综合性、大数据量的特点。

- 遥感业务：指通过传感器/遥感器（如人造卫星、航天飞机、宇宙飞船、火箭等）在非接触目标和远离目标条件下探测信息，具有单向性、大容量的特点。

- 测控业务：指各类空间平台（如各类卫星、升空平台、航天飞机等）与地面测控中心之间传输遥测和遥控信息，具有高可靠性、低速传输的特点。

- 控制信息：指各类空间平台和地面控制中心之间传输的指挥以及控制信息，具有实时性、高可靠性的特点。

尽管空间信息网络和地面网络的很多通信机理类似，空间信息网络会借助地面网络完成端到端任务，但是，如图 1-1 所示，不同于地面网络，空间信息网络有其特殊的性质，主要体现在以下几个方面。

- 空间信息网络中的节点，比如卫星、航天飞行器，运行在距离地面几百到几万千米的轨道上，传输时延必然较长。随着技术的发展，卫星通信的带宽不断提高，带宽时延乘积大也成为空间信息网络的一个重要特性。
- 空间信息网络本质上属于无线网络，误码率较高。太空环境的影响、星座的运行模式以及卫星本身的能力，种种因素使空间信息网络的误码率进一步加大。
- 随着卫星星座的运行，星间链路会定时中断，需要切换到新的路径上。另外，随着飞行器节点的高速移动以及不断有飞行器节点加入、离开空间网络，会出现空间信息网络拓扑的频繁动态变化。
- 随着卫星星座的运行以及飞行器节点的移动，卫星之间、飞行器之间的距离可能发生变化。不同于地面网络往返时延相对不变，空间网络中的往返时延会随着卫星、飞行器的移动以及链路的切换不断变化。
- 在空间信息网络中，有各种类型的节点，比如飞机、地面站、卫星等。飞机节点一般装备功率有限的全向天线，地面站一般装备大功率的定向天线，卫星和地面站之间正向链路（从卫星到地面的链路）和反向链路（从地面到卫星的链路）采用不同的带宽，这就使空间信息网络中出现了大量的非对称链路，即通信链路的正向链路和反向链路的带宽不相等。

1.3　可靠传输协议机制概述

早在 20 世纪 70 年代，传输控制协议（Transmission Control Protocol，TCP）就已被引入传输层，传统的 TCP 主要针对低带宽、低时延的有线网络。然而随着不同网络和应用的出现，传统的 TCP 已无法满足新的网络环境和应用的需求。研究人员根据不同网络环境的特点设计不同的 TCP 改进版本，解决传统 TCP 面临的各类问题，例如网络拥塞、带宽利用率低、失序、非拥塞分组丢失、路由过度缓存以及多径传输等。但是这些 TCP 对网络性能的提升仍然有限，无法满足日益拥塞和更加动态变化的空间信息网络对传输性能的需求。

本节主要讨论可靠传输协议的各阶段机制。TCP 起初是专为地面通信网络环境

设计并优化的，传统的传输控制协议为不同网络场景下的应用提供了良好的技术基础，具有高稳健性、广泛使用性以及开源性。TCP 通过记录数据发送时间以及确认数据分组（Acknowledgement，ACK）接收时间估计往返时延（Round Trip Time, RTT），并利用不断发送的数据分组和接收的 ACK 动态更新往返时延值，设置合理的超时机制。TCP 拥塞控制算法主要分为 4 个阶段：慢启动（Slow Start, SS）阶段、拥塞避免（Congestion Avoidance, CA）阶段、快速重传阶段和快速恢复阶段。TCP 拥塞控制原理如图 1-2 所示[1]。

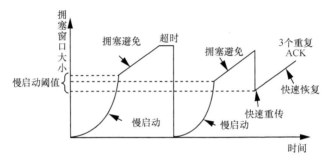

图 1-2　TCP 拥塞控制原理

（1）慢启动阶段

此阶段通过来自接收端返回的 ACK 速率来确定发送端开始阶段发送数据的速率。当 TCP 连接建立时，慢启动算法将初始化拥塞窗口设置为一个最大报文段长度（Maximum Segment Size，MSS），当收到接收端返回的 ACK 后，拥塞窗口以指数形式增加，同时，发送端将获得的发送端拥塞窗口和接收端拥塞窗口的最小值作为传输窗口。

（2）拥塞避免阶段

当拥塞窗口增长到某一点（慢启动阈值）时，由于拥塞窗口开始大于网络容量或网络状态条件变化，会产生数据分组丢失情况，随后触发发送端的超时机制。此时，发送端进入拥塞避免阶段，拥塞窗口不再以指数形式增加，开始以线性形式增加。

当重传定时器超时或收到 3 个或更多重复 ACK 时，中间网络正处于拥塞状态，发送端立即将其拥塞窗口设置为不低于当前窗口大小的一半（当前窗口大小应大于2 个分组大小）。当拥塞控制由超时机制触发时，发送端将拥塞窗口设置为 1 个数据分组大小，同时发送端自动进行慢启动模式；当拥塞控制由 3 个重复 ACK 事件触发时，发送端进入快速重传和快速恢复阶段。

（3）快速重传阶段

当接收端收到 1～2 个重复 ACK 时，发送端不能判定 ACK 是由 TCP 数据分组丢失引起的还是由于分组延迟失序引起的。当接收端收到 3 个或更多重复 ACK 时，发送端不等待重传超时便立即重传该分组，此时发送端进入拥塞避免阶段，并将慢启动阈值设为拥塞窗口的一半。

（4）快速恢复阶段

当快速重传阶段丢失数据分组后，发送端进入快速恢复阶段。再收到重复 ACK 时，拥塞窗口增加 1，当收到新的数据分组时，把拥塞窗口设置为慢启动阈值，这是因为该 ACK 确认了新的数据，说明重复 ACK 对应的数据分组都已收到，该恢复过程已经结束，可以回到恢复之前的状态，即再次进入拥塞避免阶段。快速恢复算法存在于 Reno 协议及其以后的协议版本中，Tahoe 协议中并没有该阶段。

| 1.4　空间信息网络影响传输协议性能的因素 |

由于空间信息网络具有独特的网络特性，地面标准传输协议在这种网络中面临着各种各样的问题，不能有效地满足其传输需求。空间信息网络中存在以下诸多影响通信协议性能的因素。

1.4.1　比特误码率

在地面网络中，网络拥塞被认为是造成数据分组丢失的原因，而在无线空间信息网络中，由噪声引起的比特误码很普遍，部分链路误码问题可以利用前向纠错机制为高速数据传输恢复丢失的数据分组。

高链路误码率会对 TCP 性能造成严重的负面影响，TCP 被设计为通过识别和重传丢失的段来处理数据分组丢失。TCP 假定所有的数据分组丢失都是由于网络拥塞引起的，遇到数据分组丢失事件后，TCP 为了迅速减少网络中的负载，会将拥塞窗口减半，并在随后的几个往返时延内逐渐重新探测发送窗口的大小。这种机制明显不适用于链路误码率高的空间信息网络[2-3]，因此，不能充分利用通信信道带宽。

TCP 的拥塞控制协议仅适用于处理由拥塞引起的数据分组丢失事件，无法应对空间网络链路的比特率误码现象。

1.4.2　往返时延

在地面通信环境中，往返时延通常为几十毫秒，最多达到几百毫秒（例如，横跨美国大陆的通信平均往返时延约为 100 ms）。而在卫星网络以及航天器的空间环境中，需要通过地球同步卫星进行传输，往返时延达 500 ms，而深空通信往返时延高达几小时。

过高的往返时延首先会限制 TCP（或任何闭环系统的）远程通信端点的有用性和有效性反馈，从而影响协议对变化的网络做出及时的反应，导致长时间收不到网络状态变化的及时反馈[4]；其次，过高的往返时延不仅仅由卫星传播时延组成，还要考虑双向链路的排队时延（在地面网络中，排队时延是数据分组往返时延的主要组成部分），不合理的协议设计将恶化网络的排队情况；最后，当进行数据传输时，大量的 TCP 慢启动会导致带宽利用率较差，当数据分组丢失事件发生时，TCP 需要花费较长的时间进行拥塞避免及拥塞恢复。

1.4.3　连通性与持续性

地面通信环境可以表征为具有较稳定的、不频繁变化的拓扑结构的网络，空间信息网络（比如卫星网络）的轨道则具有一定的可预测性和高动态性。在一个非高轨的卫星网络中，通信链路的连接性往往是间歇性的，链路中断可能由地面站切换、网络拓扑变化、天线遮挡、天气和轨道动力学等若干原因造成。当卫星从一个可见的地面站切换到另一个地面站时，该行为类似于蜂窝网络中两个基站间的切换，只是切换时间更长。低轨卫星通常只有 10%或更少的时间与同一个地面站进行链接，改变地面站数量或卫星轨道能提升连通性。即使是美国国家航空航天局（NASA）的跟踪与数据中继卫星系统（Tracking and Data Relay Satellite System，TDRSS）也只提供约 90%的全球覆盖率[5]，此外，军事卫星系统具有高动态性和不可预测的连接性。

卫星网络结构已不仅仅是简单的空对地卫星通信模型，未来空间通信场景会产生更复杂、动态的拓扑结构的通信系统（如大型星座系统结构下的通信）以及快速部署的军事或灾难救援网络需要通过卫星网络通信来实现[6]。在动态变化的网络中，通过基站或卫星等中间节点系统将用户切换到另一个中间系统，连接会暂时中断。

即使较短时间的链路中断也会对 TCP 造成很大影响，导致较低的数据吞吐率甚至中止连接[7]。在没有稳定的数据流确认反馈的情况下，TCP 将不断地调用拥塞控制机制，重复进行数据重传，并回退其重传定时器。此外，由于路径中节点跳数和传播距离的增减影响，变化的网络拓扑的潜在影响是较大的往返时延波动，导致 TCP 的往返时延估计与当前实际的往返时延差距较大，此时 TCP 会过早或过晚地进行数据重传。另外，较小的重传超时设置会使 TCP 进入不必要的慢启动阶段，从而降低协议的吞吐率。

1.4.4　非对称正向和反向链路容量

在地面通信环境中，通信链路通常是在往返方向上具有相同数据速率的双工链路，而在空间网络环境中，则并非如此。卫星与地面间是非对称链路，通常，通信链路的正向链路和反向链路带宽容量具有巨大的差异，正向链路与反向链路带宽容量比常常高达 1000:1[8]。造成这种链路非对称性的主要原因是基于工程造价方面（如功率、质量和体积）与功能性方面的权衡，以及科学任务不同的重要性，即大量的卫星观测数据从卫星发向地面站，而反向链路通常用于向航天器发送指令，而不是用来进行大容量的块数据传输。

这种高度的不对称性为 TCP 数据传输带来了很多问题。首先，TCP 使用 ACK 确认反馈机制作为数据重传的时钟，因此，较低带宽的反向链路会限制 ACK 确认数据，从而降低数据分组的传输速率；其次，即使发送数据在较大信道上传输，仅 ACK 反馈数据在较小的信道上传输，带宽不对称仍会限制 TCP 的吞吐量。TCP 的接收端通常每隔一个数据分组就进行确认，此时，表示 ACK 反馈数据分组经过的反向链路容量正比于数据发送链路容量，能用数据分组大小的函数表示，例如，发送 1 024 B 的数据分组，TCP 的吞吐率在正反向链路的容量比为 50:1 的场景中较为适合，当不对称性大于这一比率时，反向链路容量会限制发送端速率。

1.4.5　带宽时延积

带宽时延积（Bandwidth Delay Product，BDP）[9]定义了任何一个时间在充分利

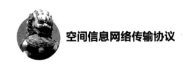

用可用链路带宽时，协议已经发出但尚未确认的数据分组数量，带宽时延积计算方式为链路带宽乘以往返时延。由于在空间信息网络环境中的往返时延很大，对协议处理大量数据的能力具有很高要求，而 TCP 将持续产生大量的未确认状态的数据分组，滑动窗口无法继续推进，从而降低 TCP 的性能。

1.4.6　数据分组丢失原因

如第 1.3.1 节和第 1.3.3 节所述，空间信息网络与地面网络不同，数据分组丢失除了由网络拥塞引起外，还主要由比特错误和拓扑链路的不稳定性引起，即空间信息网络有一个混合分组丢失环境，数据分组丢失主要由 3 个原因造成：比特错误、链路失效和网络拥塞[10]。TCP 若将所有的数据分组丢失都视为由网络拥塞造成的，并进行不必要的发送速率减小，再加上高往返时延引起的大量慢启动过程，会严重影响数据的传输性能。

1.4.7　链路带宽容量

无线通信信道具有比有线网络更少的可用带宽，空间信息链路不仅带宽受限，同时还受有限的能量限制，数据传输速率同时受限于带宽和传输成本[11]。

TCP 开销较高，特别是在进行分组大小较小的数据传输时，每个分组都有 20～40 B 的 TCP 报头部分，消耗了相当大的有限带宽份额。

1.4.8　多径传输

在空间信息网络中，飞机平台通常有两个或多个异构的网络接口，可以在空间网络的任意两个节点之间形成多条独立的通信路径。比如，飞机和地面站之间除了直接通过地–空链路通信，还可以同时通过卫星链路或者飞机与飞机之间的多跳自组织网络通信。每条路径都是独立的，会经历各自的数据分组丢失、时延、链路中断等链路特性。然而 TCP 本质上是一个单路径协议，一条 TCP 连接在建立时就与两台通信主机的互联网协议（Internet Protocol，IP）地址绑定了。只要任意一个地址发生了改变，不论什么原因，连接都将失败。此外，TCP 无法在多条路径中实现负载均衡，因为这样会导致分组失序，从而影响 TCP 性能。

1.4.9　CPU 和内存容量

在地面通信环境中，节点的计算资源可得性基本上不受限制，因此不予考虑。而在空间信息网络中，由于其动力、重量和体积等因素的限制，计算资源通常非常珍贵。提供给空间信息网络任何子系统或军事系统的计算资源必须与将该系统运用于其他地方带来的收益进行对比，因此，TCP 设计也需要考虑性能占用这一约束。

受限的中央处理器（Central Processing Unit，CPU）及内存容量会从几个方面影响 TCP 性能，如动力的限制会增加错误率，减小数据传输速率，增加往返时延，并影响连接的持续性[12]。

1.4.10　通信目标

TCP 的主要通信目标是向其用户提供随时间变化的对网络的公平访问。公平访问意味着当有其他共享链路资源的用户时，没有任何一个用户可以独占某条通信链路。同时，TCP 要尝试达到较高的链路总体利用率，并保证数据的可靠性。在空间信息网络中，TCP 还有以下通信目标值得注意并达到。

首先，TCP 提供了完全可靠的服务，保持数据的完整性、有序列和正确性。TCP 用时延和缓冲区来提供这些功能，其中过长的时延会导致数据重传。与 TCP 相对应的用户数据报协议（User Datagram Protocol，UDP）提供不可靠的服务，不保证数据的有序列和完整性。对于某些类型的数据，例如图像或视频数据，保证有序性和正确性是必要的，但同时部分可靠的服务更为可取[13]。当在图像、视频数据传输时，丢失一个或部分影响不大的图像、视频数据帧是可以接受的，小部分数据的丢失不应该引起大量数据过高的往返时延，以致于影响剩余部分数据的传输，尤其对于视频流数据而言，长时间的等待会严重影响视频播放质量。

其次，在空间信息网络中，传统的 TCP 并没有将最大化链路利用率作为一个优先考虑的指标，TCP 在建立连接时和数据分组丢失事件发生后，都会试图有意降低发送速率来测试链路的可持续能力，致使 TCP 性能不能达到理论上的高效性。

最后，TCP 在地面网络中能很好地实现公平接入和较高链路利用率的设计目标，然而在空间信息网络中，用户很难保证公平地共享通信资源。相反，为了支持优先级高的用户，网络的接入访问可能需要建立在严格的优先级基础上，然而，低

优先级、容迟业务的用户对资源的不同访问方式的研究匮乏[14]，不能支持多种服务质量（Quality of Service，QoS）业务需求。

| 参考文献 |

[1] SRIKANT R. The mathematics of Internet congestion control[M]. Berlin: Springer Science & Business Media, 2012.

[2] TRIVEDI S, JAISWAL S, KUMAR R, et al. Comparative performance evaluation of TCP Hybla and TCP Cubic for satellite communication under low error conditions[C]//2010 IEEE 4th International Conference on Internet Multimedia Services Architecture and Application. Piscataway: IEEE Press, 2010: 1-5.

[3] WANG R, BURLEIGH S C, PARIKH P, et al. Licklider transmission protocol (LTP)-based DTN for cislunar communications[J]. IEEE/ACM Transactions on Networking, 2011, 19(2): 359-368.

[4] DUKE M, BLANTON E, ZIMMERMANN A, et al. A roadmap for transmission control protocol (TCP) specification documents[R]. RFC 7414, 2015.

[5] HECKLER G W, GRAMLING C J, VALDEZ J, et al. TDRSS augmentation service for satellites (TASS)[C]//The 14th International Conference on Space Operations. Piscataway: IEEE Press, 2016.

[6] LEITGEB E, MUHAMMAD S S, GEBHART M, et al. Hybrid wireless networks combining WLAN, FSO and satellite technology for disaster recovery[C]// 2007 16th IST Mobile and Wireless Communications Summit. Heidelberg: Springer-Verlag, 2005: 13-18.

[7] PRASAD R, JAIN M, DOVROLIS C. Effects of interrupt coalescence on network measurements[C]//Passive and Active Network Measurement (PAM 2004), International Workshop on Passive and Active Network Measurement. Heidelberg: Springer-Verlag, 2004: 247-256.

[8] HENDERSON T, KATZ R. Satellite transport protocol (STP): an SSCOP-based transport protocol for datagram satellite networks[C]//Workshop on Satellite-Based Information Services. Piscataway: IEEE Press, 1997.

[9] CHARALAMBOS C P, FROST V S. Performance of TCP extensions on noisy high BDP networks[J]. IEEE Communications Letters, 1999, 3(10): 294-296.

[10] YANG Q, LAURENSON D I, BARRIA J A. On the use of LEO satellite constellation for active network management in power distribution networks[J]. IEEE Transactions on Smart Grid, 2012, 3(3): 1371-1381.

[11] ZHU K J, LI J F, BAOYIN H X. Satellite scheduling considering maximum observation coverage time and minimum orbital transfer fuel cost[J]. Acta Astronautica, 2010, 66(1):

220-229.

[12] AMERI P, GRABOWSKI U, MEYER J, et al. On the application and performance of MongoDB for climate satellite data[C]//2014 IEEE 13th International Conference on Trust, Security and Privacy in Computing and Communications. Piscataway: IEEE Press, 2014: 652-659.

[13] WALLACE T D, SHAMI A. A review of multihoming issues using the stream control transmission protocol[J]. IEEE Communications Surveys & Tutorials, 2012, 14(2): 565-578.

[14] WELZL M, ROS D. A survey of lower-than-best-effort transport protocols[R]. RFC 6297, 2011.

第 2 章

空间信息网络传输协议概述

由于空间信息网络有不同于其他网络的特有链路性质，如高链路误码率、高往返时延、间歇的连通性、非对称信道以及受限的资源等特点，将传统传输协议用于空间信息网络存在诸多问题。大量研究已针对这些不足提出了多种改进方案，这些方案可以进行以下分类：基于不同体系架构的传输协议研究、基于不同层次的传输协议研究、基于不同拥塞判定方法的传输协议研究、基于不同优先级的传输协议研究、基于不同部署方式的传输协议研究、基于不同拥塞控制方法的传输协议研究以及基于不同连接机制的传输协议研究。本章将针对这 7 种分类的代表性解决方案进行综述。

|2.1 基于不同体系架构的传输协议研究 |

2.1.1 基于 TCP/IP 体系架构

　　TCP/IP 体系因其标准化的高层协议、不依赖于特定网络的传输硬件等特点，仍是卫星网络通信主要使用的较为成熟的协议体系。TCP/IP 体系架构最初源于美国国防部先进研究项目局（Defense Advanced Research Projects Agency，DARPA）的互联网项目，目前已成为互联网最基础、最重要的标准"资源共享"体系，其名称由其协议栈中代表性的两个协议：传输控制协议（TCP）和互联网协议（IP）组成，实际上整个体系是由一系列互联网基础网络协议构成的，并同时发展出网际协议版本 4（IP Version 4，IPv4）和支持更多服务的网际协议版本 6（IP Version 6，IPv6）。TCP/IP 体系由于其广泛的通用性，能对众多的低层协议予以支持，包括支持国际标准化组织（International Organization for Standardization，ISO）的开放式系统互联（Open System Interconnection，OSI），其通信参考模型具有低层协议的通用性。

　　卫星网络的 TCP/IP 典型体系架构如图 2-1 所示。地面网络通过交互单元连接到卫星调制解调器上与卫星进行通信。通过这些交互单元，将地面网络中的协议与卫星的链路层协议转换连接，大多数交互单元采用异步传输模式（Asynchronous

Transfer Mode，ATM）、宽带综合业务数字网（Broadband Integrated Services Digital Network，B-ISDN）、以太网或 IP 端口接口。对于地面网络中的数据传输，TCP/IP 体系架构是实现异种网络结构及计算机系统之间互联的基础，其中，传输层可为通信双方的应用程序进程在不可靠无连接（IP 服务）的基础上，提供端到端的有连接服务，并实现两种不同的数据传输服务，即 TCP 和 UDP。

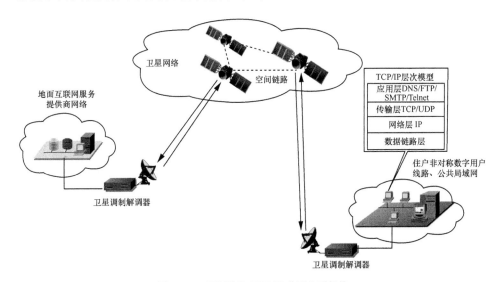

图 2-1 卫星网络的 TCP/IP 典型体系架构

近年来，除了针对地面有线和新型无线网络研究了大量高性能的基于 TCP/IP 栈的传输协议，针对不断发展和使用的卫星网络也提出了很多提高卫星网络 TCP 性能的扩展方案。不同于地面网络的信道特点，卫星网络中 TCP 通信因为卫星链路特点面临诸多挑战。扩展方案主要就 TCP 的两方面进行修改：一方面，修改 TCP 的标准过程机制，调整 TCP 的参数选择；另一方面，增加或替换 TCP 流程。在卫星网络中，对 TCP 拥塞控制流程各阶段的修改主要集中在以下几个方面。

1. 针对慢启动阶段

标准 TCP 慢启动阶段为了避免过大的发送起始速率导致网络拥塞，通过逐渐增加窗口的方式向网络中注入数据。由于卫星网络属于高带宽时延积网络，TCP 的慢启动方式会导致过长的慢启动时间，不能有效利用链路带宽。现有研究通过扩大慢启动初始窗口、设定慢启动阈值、延迟数据发送等方法解决这一问题。

文献[1]的研究将慢启动初始窗口设置为 2～4 个数据分组，初始窗口的上界大

小如式（2-1）所示。

$$\min(4 \times \text{MSS}, \max(2 \times \text{MSS}, 4\,380\ \text{B})) \qquad (2\text{-}1)$$

　　研究发现，对于空闲和重新开始的 TCP 连接，初始窗口越大，较传统协议的慢启动和分组丢失恢复过程越快。文献[2]定义了一个 TCP 可选项，即允许将初始窗口从一个或两个数据段增加到大约 4 000 B，并讨论了较高初始窗口的优缺点，实验表明较高的初始窗口不会导致拥塞和网络崩溃，有利于短 TCP 数据流和长时延网络中的数据流，通过该方法 TCP 能在初始慢启动阶段节约几个往返时延的时间。TCP Peach 等[3]协议同样采用了这类初始窗口设置值。

　　文献[4]针对文献[5-6]中发现的慢启动阶段突发性 TCP 数据流导致卫星网络中的早期缓冲区溢出问题进行研究，首先，通过减少慢启动阈值，在缓冲区溢出前提前进入拥塞避免阶段；其次，对于突发数据，通过一定的数据分组间距延迟发送数据，避免了在协议慢启动阶段发生早期拥塞并产生分组丢失。结果表明，数据分组延迟发送方案能有效地避免慢启动时突发数据流导致的缓冲区溢出问题。

2. 针对拥塞避免阶段

　　TCP 的吞吐率计算方式为拥塞窗口大小除以 RTT，标准 TCP 的最大窗口（65 535 B）不能使 TCP 充分利用卫星网络信道带宽，因此，需要通过扩大窗口缩放粒度、探测链路最大传输单元（Maximum Transmission Unit，MTU）和 TCP 头部压缩等技术来维持较大拥塞窗口的稳定性，从而应对长时延、高误码率的卫星网络。

　　（1）扩大窗口缩放粒度

　　早期的研究通过判断网络状况来调节端系统的缓冲区大小、预留 TCP 发送数据，最终达到增大 TCP 发送窗口的目的。

　　TCP Hybla 协议[7]利用真实 RTT 与参考 RTT 的比值因子进行窗口更新控制，能扩大窗口缩放粒度，实现不低于标准 TCP 的窗口增长机制，具有较好的链路利用率。

　　流控制传输协议（Stream Control Transmission Protocol，SCTP）[8]利用选择确认（Selective Acknowledgment，SACK）[9]的"通知接收方窗口状态"字段进行窗口扩大，该字段有 32 位，因此接收方窗口能最大设置为 2^{32} B，远大于标准 TCP 窗口的缩放程度，能在卫星网络中进行具有更大拥塞窗口的数据发送。

（2）探测链路最大传输单元

路径最大传输单元（Path Maximum Transfer Unit，PMTU）探测方案为 TCP 提供不会造成中间路由器分组分片的 MTU 信息。SCTP 的链路 MTU 探测机制与 TCP 的相比略有不同，由于 SCTP 的多归属机制，会跨越多个 IP 地址，因此，必须为每个目标 IP 地址保持单独的路径 MTU 估计，SCTP 将 PMTU 定义为所有目标 IP 地址发现的最小路径 MTU。通过对 MTU 的估计采用较大的分组大小进行数据发送，可以有效地减少分组开销，使 SCTP 发送方能以字节为单位快速增加拥塞窗口，能有效支撑卫星网络中大型 SCTP 报文的传输。

（3）TCP 头部压缩

TCP 需要通过分组的报头信息将数据分组可靠地传送到接收方，报头信息会明显增加协议开销，尤其对于交互式应用程序，例如，Telnet 分组中通常每个分组仅携带几个字节的数据，而标准 IPv4 的 TCP 至少要为数据添加 40 B 的报头，IPv6 的 TCP 报头至少添加 60 B。大部分报头信息在会话过程中保持相对稳定，因此可以进行压缩。

文献[10]通过二次压缩算法进行 TCP 报头压缩。如果特定分组无法正确解压缩，则二次算法修改其压缩报头的推断字段假设，然后，在新假设下二次解压接收到的分组，如果校验通过，则分组被传递到 IP 层。该过程可以扩展到 3 次或多次解压，通过高速缓存保留尚未正确解压的分组副本，再结合之后到达的数据，尽可能地进行分组解码。仿真结果表明，二次压缩算法与无报头压缩机制相比，可以有效地提高数据流的吞吐率。

3. 针对确认反馈机制

标准 TCP 采取的是累积确认机制，当发生报文失序现象时，发送方无法准确知道报文到达的情况。SACK 能通知接收方收到报文的情况，即报文段丢失情况、报文段重传情况以及报文失序情况，根据这些信息 TCP 就可以只重传真正丢失的报文。SACK 能有效地提高卫星网络高分组丢失率场景下的慢启动耗时问题，同时节约有限的带宽容量，避免不必要的带宽占用。SCTP、TCP Hybla、TCP-Peachtree[11] 等协议均采用 SACK 来提高协议在卫星链路上的效率。

此外，TCP-Peachtree 协议采用 ACK 聚合方式进行卫星网络中多播组的 ACK，多播组中被指定作为接收方的节点收集组内所有其他成员的 ACK 数据，当全部收到后则向逻辑上层子组返回一个 ACK；逻辑上层子组中的指定接收方

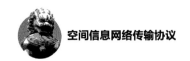

继续接收所有成员的 ACK，并向其父逻辑组返回一个 ACK；最高逻辑组中的指定接收方经由卫星信道返回最终的 ACK。因此，在每个多播分组中仅有一个 ACK 被返回发送方，从而有效地降低了 ACK 大量返回的问题。该方法适用于卫星网络非对称信道。

4. 针对快速恢复阶段

在卫星网络中，利用多种方式提升 TCP 快速恢复阶段的性能，主要包括：利用带宽估计设置慢启动阈值、发送虚拟数据分组、保留连接状态和前向纠错（Forward Error Correction，FEC）机制。

（1）利用带宽估计设置慢启动阈值

TCP Westwood 协议[12]在拥塞避免阶段通过平滑的带宽估计机制来设置慢启动阈值，同时，在一定条件下，为避免带宽误判情况，利用符合条件的的速率估计机制代替带宽估计机制，从而在分组丢失事件发生后，能快速恢复拥塞窗口值。TCP Hybla 协议也利用了同样的带宽估计机制进行慢启动阈值设置，提升协议快速恢复阶段的性能。

（2）发送虚拟数据分组

TCP Peach 协议除了使用快速拥塞恢复方式，还利用了额外的低优先级虚拟数据分组进行网络带宽探测。当进行快速恢复阶段时，每收到一个数据分组，TCP Peach 发送两个虚拟数据分组，基于所有真实数据和虚拟数据的 ACK，TCP Peach 能加速窗口增长速率。

（3）保留连接状态

为了解决由于天气原因（如雨衰）等导致的信号持续衰减问题，TCP-Peachtree 协议采用了连接状态保持机制。如果发送方在一定时间内没有收到来自多播组的任何 ACK，则推断这种情况为雨衰，并进入保持状态。在保持状态中，发送端首先在变量 rf_cwnd 中记录当前拥塞窗口，然后冻结所有重传定时器，并开始周期性地向接收端发送探测数据分组，当接收到探测数据分组时，立即返回 ACK，并报告其当前缓冲区状态。当发送端收到探测数据分组的 ACK 后，判断雨衰结束，并恢复发送数据分组。发送端首先发送 rwnd-cwnd 个虚拟数据分组进行可用带宽探测，然后进入快速恢复状态，以恢复丢失的数据分组。

（4）FEC 机制

在卫星网络环境中，链路误码率较高，同时由于卫星链路的高往返时延，需要较长的时间才能进行一次数据确认反馈。当分组丢失事件发生后，TCP 需要很长时间进行数据重传和窗口恢复。为使 TCP 能有效工作于高随机误码率的卫星信道链路，FEC 利用信息冗余编码方法进行数据传输，当分组丢失发生后，用冗余信息进行分组丢失恢复，从而避免大量的丢失数据分组返回，减少发送方将随机分组丢失判断为网络拥塞信号的概率。但 FEC 冗余编码具有较高的使用成本，同时不能避免信号噪声问题。

2.1.2 基于 CCSDS 体系架构

空间数据系统咨询委员会（Consultative Committee for Space Data Systems，CCSDS）于 1982 年成立，已发布了用于空间链路（包括星地链路及星间链路）的从物理层到应用层的一系列建议。CCSDS 针对空间环境特点，对地面标准 TCP/IP 进行相应改进，研发了一套涵盖网络层到应用层的空间通信协议规范（Space Communication Protocol Standards，SCPS），较为全面地解决了空间信息传输问题。SCPS 传输协议（SCPS Transport Protocol，SCPS-TP）是 CCSDS SCPS 系列中建议的传输层协议，是基于现有 TCP 的修改和扩展，能适应空间环境通信需求。对于不同的业务需求，SCPS-TP 可支持完全可靠、高可靠及低可靠服务 3 种服务。为了解决带宽受限问题，采用报头压缩和选择否定确认（Selective Negative Acknowledgment，SNACK）选项，提供更有效的损坏恢复，当有拥塞指示时，能把标准 TCP（如 TCP Vegas 拥塞控制机制）用于提供拥塞控制。但 SCPS-TP 不能充分地解决卫星网络面临的挑战，例如，由于窗口的固有属性，采用 TCP Vegas 拥塞控制难以精确地测量长距离 RTT 的变化，不能有效地利用卫星链路。

1999 年 CCSDS 提出了 SCPS 协议，它是一套基于 TCP/IP 的从网络层到应用层的空间通信协议，从起初应用于空间研究和军事应用领域到后来渐渐为民所用，ISO 现已把 SCPS 作为国际标准协议录入。SCPS 包括 4 层协议如图 2-2 所示。

- SCPS 网络协议（SCPS Network Protocol，SCPS-NP）：通过改变头部结构定义可为不同业务进行服务，并支持静态和动态路由及多种信道环境。
- SCPS 安全协议（SCPS Security Protocol，SCPS-SP）：为天地端到端传输提供鉴权服务、保密服务和完好性服务。
- SCPS 传输协议（SCPS-TP）：为传输层端到端提供可靠传输服务，不可靠路径上传输的遥控遥测信号能被优化。

- SCPS 文件协议（SCPS File Protocol，SCPS-FP）：与 TCP/IP 中的互联网文件传输协议（File Transfer Protocol，FTP）相对应，卫星指令和程序上传、遥控遥测信号下传被优化了，同时支持的功能包括人工文件续传等。

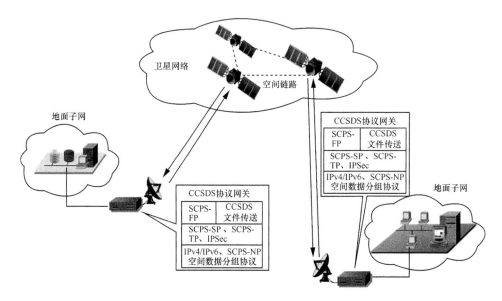

图 2-2　卫星 CCSDS 网络架构

针对卫星网络链路特性，SCPS 协议对 TCP 进行了以下几个方面的性能优化。

（1）卫星链路高误码率

SCPS-TP 针对卫星链路高误码率情况采用以下 3 种方法进行数据分组丢失原因判断。

- 显式链路误码信号：SCPS-TP 不同于 TCP，当 SCPS-TP 接收到显式链路误码信号后，拥塞窗口控制机制不改变数据传输速率，也不改变超时重传时间。
- 选择否定确认：SCPS-TP 的 SNACK 采用只对需要重传的数据进行确认返回的机制，发送端立即重传 SNACK 对应的丢失数据。
- 头部压缩：SCPS-TP 采用端系统数据分组头部压缩机制来减小传输的数据分组大小，同时，在数据分组丢失后，压缩方法不会影响丢失数据之后的数据分组解压。

（2）卫星链路长时延

SCPS-TP 采用以下两种方案解决卫星链路长时延问题。

- 窗口缩放：利用窗口缩放因子进行窗口大小设置，窗口大小可扩大至 2^{13} B，从而能一次性进行大量数据发送。
- 定时器修改：SCPS-TP 加大了传统 TCP 定时器，以允许数据经历的往返时延从分钟级扩大到小时级，同时 SCPS-TP 允许借助路由结构信号初始化重传定时器，基于系统辅助的合理化往返时延估计，从连接开始时避免大量的超时重传事件。

（3）卫星网络间断连通性

SCPS-TP 利用网络层 SCPS 控制消息协议（SCPS Control Message Protocol，SCMP）进行链路中断判断，通过以下两个机制区分链路中断和其他引起数据分组丢失的原因。

- 链路中断信号：SCMP 通过本地链路接口信息确定网络连接是否可用，并维护出口链路可用性信息。当链路可用性发生变化时，SCMP 向邻居用户广播该消息，若链路不可用，路由路径将进行相应更新，同时该信息也上传给 SCPS-TP。
- 链路中断支持：SCPS-TP 收到 SCMP 的链路失效信号后停止数据发送，然后通知发送数据分组或确认数据分组定期探测链路是否恢复。此时，链路的重传定时器停止工作，因此链路中断分组丢失不会被视为拥塞分组丢失，直至连接再次恢复。

（4）非对称链路容量

在高度非对称链路上，TCP 会对高链路容量产生持续较低的利用率，这是由于 TCP 采用 ACK 作为各拥塞阶段的时钟。SCPS-TP 采用以下 3 种方式提高卫星网络链路利用率。

- 速率控制：SCPS-TP 采用"令牌桶"速率控制进行数据传输，利用与特定路由相关的速率控制参数，同一主机的所有的 SCPS-TP 用户共享链路带宽。速率控制还限制了反向链路上的 ACK 传输速率。
- 降低 ACK 反馈速率：SCPS-TP 不依靠 ACK 的到达来调用拥塞控制的各机制，因此，ACK 的反馈速率可以相应地降低。SCPS-TP 允许用户明确指定发送 ACK 的速率，在信道容量允许的情况下，每个往返时延发送两次。
- 头部压缩：SCPS-TP 头部压缩减小了 SCPS-TP 报头的大小，同样也减小了 ACK 的大小，相应地，反向链路负载也减小了。该机制可以在不同的信道上

启用或禁用。

（5）CPU 和内存容量

在 CCSDS 体系中，通过以下 3 种方式提高 CPU 和内存容量效率，即对端到端的端系统上的 SCPS-TP 进行一些性能增强以及独立于端系统进行路径中的优化。

- 报头预处理：SCPS-TP 使用报头预处理方式提高 CPU 效率。该方法主要是在链路不可用时，利用报头预处理方法提前进行数据分组能处理的协议过程，分担部分链路可用时对 CPU 和内存的密集使用，但目前尚未有协议对该方法进行深入研究。头部压缩机制是通过报头的预处理在突发数据流到来时对 CPU 利用率的一种分担方式。

- 边界设定：不同于 TCP 面向字节流、由应用程序自身界定数据单元的传输方式，SCPS-TP 提供应用程序数据边界设定选项，当两个或两个以上的应用程序实现了独立的应用层框架软件时，边界设定能节省内存。

- 内存缓冲机制：SCPS-TP 提供有效利用内存的优化管理机制，这是系统内置机制，不需要用户自定义。

（6）通信目标

SCPS-TP 通过进行以下 5 个性能增强来优化卫星网络中的 TCP 传输性能。

- 可选拥塞控制：SCPS-TP 使用可选的标准 TCP 拥塞控制机制，如果未启用 TCP 拥塞控制，系统设计者必须通过其他控制确保网络拥塞不会发生。

- 报头预处理：在链路不可用时进行报头预处理能减轻链路可用时的协议处理过程。

- 链路中断响应：发生链路中断时，SCPS-TP 不降低数据发送速率。

- SNACK：通过 SNACK 机制，SCPS-TP 能明确数据分组丢失情况，立即进行分组丢失重传。

- 部分可靠性服务：SCPS-TP 提供部分可靠性服务，同时确保数据的正确性和有序性，针对不同的应用要求进行所需数据的丢失重传。

（7）数据丢失原因

针对混合性的分组丢失环境，SCPS-TP 有以下 3 种方式响应不同类型的数据分组丢失。

- 针对不同分组丢失原因响应：SCPS-TP 能针对网络拥塞、链路中断、链路失效等多种情况分别进行不同的分组丢失处理。网络拥塞分组丢失处理方式与

TCP 相同，链路中断和链路失效的分组丢失响应方式与针对卫星链路高误码率和卫星网络间断连通性相同。

- SCMP 显示标记不同类型的分组丢失：SCMP 为 3 种不同的分组丢失原因提供不同的显示分组丢失信号，分别对应源抑制、中断发生和链路失效信号。
- 设置默认分组丢失原因：当 SCMP 无法确定分组丢失原因或 SCPS-TP 没有收到分组丢失原因信号时，SCPS-TP 将调用其默认响应进行分组丢失控制。

2.1.3　基于 DTN 体系架构

针对卫星网络间歇的连续性、长且可变的时延、不对称数据速率以及高误码率等问题，时延容忍网络研究小组（Delay-Tolerant Networking Research Group，DTNRG）提出了绑定层的概念，用来连接各异构网络，实现不同性质网络间数据的传输保护。卫星时延容忍网络（Delay Tolerant Networks，DTN）的主要思想是通过绑定层进行异步消息通信，同时，DTN 没有使用端到端的数据传输路径，而是采用存储转发的概念为容迟应用提供高效的数据传输。喷气推进实验室（Jet Propulsion Laboratory, JPL）于 2002 年 12 月提出了一种基于 DTN 的传输协议——Licklider 传输协议（Licklider Transmission Protocol，LTP）[13]来解决点到点环境下的长延迟和中断，以替代 IP 和 TCP。如何在 DTN 体系中，改进传输层协议，使链路中断、高往返时延等问题不对上层应用造成明显的影响仍是 DTN 研究的重点。

虽然 DTN 协议体系的思想可以使针对于不同网络的底层协议得到优化，但该协议栈只是给出了一个框架，还有许多关键技术正在被研究。基于 DTN 体系结构的建议尚不成熟，尚未进行典型的应用范例使用，许多问题有待解决；此外，卫星通信环境对数据链路层到传输层的具体协议性能提出了挑战性的需求，因此，需要对各层协议或跨层机制进行更深层次的探索。随着卫星网络的不断发展，DTN 协议的发展将具有重要意义。

作为一个覆盖网架构，DTN 意欲运行在各种网络的已有协议栈之上，当节点物理上连接两个或多个异种网络时，DNT 网关在异种网络之间提供网关的功能。DTN 采用的主要技术是存储转发保管传输机制，利用这种技术，DTN 网关保留发送的每个数据分组的副本，直到发送端已经从下一跳节点处成功接收到 SACK 为止，由此，DTN 能确保即使经历链路中断，也没有数据分组丢失。DTN 利用在应用层之下、

传输层之上的绑定层——Bundle 协议（Bundle Protocol，BP）构造存储转发覆盖网络。BP 需要汇聚层协议（Convergence Layer Protocol，CLP）的服务，以便充分利用下层网络提供的服务进行数据传输，因此 DTN 是异步消息传递网络，类似于邮件投递的服务，可提供多种形式的连接，包括确定性连接和机会性连接。卫星 DTN 架构如图 2-3 所示。

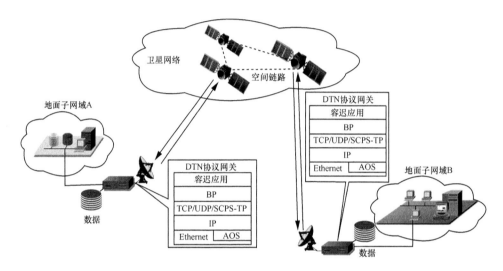

图 2-3　卫星 DTN 架构

不同于地面网络，实现 DTN 体系架构的拥塞控制机制较为困难，主要是卫星网络没有及时的反馈信息。在 DTN 中，真正意义的端到端机制是由 DTN 中重要的绑定层进行的，TCP 只在内部的端到端节点中进行，从发送端和接收端看，DTN 体系架构仍然保证了端到端的语义。DTN 只有解决了端到端的信息反馈问题，才能有效地实现拥塞控制，才能根据不同子网的性质，在不同的端到端节点间使用最优版本的卫星传输协议。目前已经定义了多种汇聚适配传输层协议，包括跨层 TCP（Cross-Layer TCP，TCPCL）、LTP、LTPCL、跨层 UDP（Cross-Layer UDP，UDPCL）和 Saratoga 等，其中 UDPCL 和 Saratoga 协议是不可靠传输协议，LTPCL 是基于链路频繁中断和长时延信道的可靠传输协议。

（1）TCPCL

TCPCL 使用 TCP 在 DTN 节点之间提供可靠的通信服务。当节点的绑定层建立 TCP 连接时，它同时为绑定层通信建立一个 TCPCL 连接，TCPCL 通过 TCP 连接信道连接 DTN 的发送端和接收端，基于该 TCPCL 连接，发送端可以通过下一跳节点向目的节点发送绑定数据分组。由于 TCP 本身是可靠的协议，大量的卫星链路中断或失效会导致 TCP 连接超时，因此 TCPCL 适配器能够调用各种类型的恢复机制，即当发生链路中断使连接空闲时，TCPCL 通过选择定期发送单字节的保活数据分组，检测在没有绑定数据分组的情况下的连接失效情况。

（2）UDPCL

UDPCL 使用 UDP 连接进行 DTN 节点之间的通信。UDP 本身是不可靠协议，因为它没有数据重传和 ACK 确认反馈的概念。即 UDP 信道是不可靠的，在 DTN 体系架构中，通过绑定层利用自动重复请求（Automatic Repeat-Request，ARQ）实现数据的确认和重传，实现了基于 UDP 的可靠数据通信。由于 UDP 数据分组最大为 65 507 B，而绑定层可变头部大小不超过 1 000 B，因此，大于 64 000 B 的 UDP 数据无法被绑定层接收，UDPCL 的应用层数据大小应被控制在 64 KB 以内。

（3）LTP

LTP 能够运行在 UDP 和 CCSDS 体系底层协议之上，并且利用 ARQ 机制来执行丢失数据的重传恢复。LTP 对每个数据块有两种识别模式："红色部分数据"的传输必须由 ACK 进行确认和重传来保证可靠性；"绿色部分数据"为尝试传输的数据，不用保证其可靠性。任何一类数据分组大小都可能为零，即，任何给定的数据块可以被指定为完全红色数据或完全绿色数据，因此，LTP 可以在一个会话中同时提供类似于 TCP 的可靠传输或类似于 UDP 的不可靠传输功能。与 TCP 不同，LTP 不包括流量控制或拥塞控制信号，与 CCSDS 文件传送协议（CCSDS File Delivery Protocol，CFDP）类似，LTP 以利用额外的附加数据信号为代价实现了快速重传机制。LTP 的扩展协议 LTP-T 被提议为多跳空间网络上的端到端数据传输协议。

2.2　基于不同层次的传输协议研究

2.2.1　基于传统 TCP 的优化传输

近年来，针对不断发展的新型无线网络和空间信息网络，提出了很多提高 TCP

性能的扩展方案。针对空间信息网络信道特性对传统 TCP 造成的影响，对 TCP 的改进方案归纳如下。

1. 非拥塞分组丢失的解决方案

解决新型网络中非拥塞分组丢失问题主要是要能正确判断分组丢失是不是因为网络拥塞造成的，针对非拥塞分组丢失应采用不同的恢复策略，而不是盲目地降低发送速率。非拥塞分组丢失的解决方案主要包括：显示分组丢失原因反馈方法、估计带宽优化方法、网络编码方法、分组失序探测方法。

（1）显示分组丢失原因反馈方法

TCPCL[14]利用跨层的方法，在链路发生传输错误时，能显示通知传输层，确保发送方对分组丢失原因做出正确判断，不会在分组丢失发生时盲目减小拥塞窗口，从而大大提高 TCP 在多跳无线网络环境中的性能。

SCPS-TP 是对传统 TCP 的修改和扩展，是 CCSDS 针对空间网络传输问题提出的传输层协议。SCPS-TP 把分组丢失原因分为网络拥塞、链路误码和链路失效 3 种，并利用网络层 SCMP 分别针对这 3 种不同类型的分组丢失显示反馈 3 种不同的分组丢失信号。发送方 SCPS-TP 根据收到的分组丢失信号判断分组丢失原因，并进行相应的分组丢失处理。如果是网络拥塞，处理方式和 TCP 相同；如果是链路误码，发送方不会改变数据传输速率；如果是链路失效，发送方会停止数据发送，然后定期探测链路是否恢复，同时冻结重传定时器，直到连接再次恢复。

显示分组丢失原因反馈方法使用的是跨层思想，利用网络层或者媒体接入控制（Media Access Control，MAC）层获取网络的实时状态。虽然 TCP 性能获得了显著改善，但却改变了原来的分层机制，发送端和接收端的协议实现改动较大。

（2）估计带宽优化方法

TCP Westwood 协议根据 ACK 的返回情况估计链路可用带宽，当分组丢失事件发生时，利用带宽估计值快速地检测网络拥塞程度，并根据拥塞状态重新计算慢启动阈值和拥塞窗口，而不是盲目地将拥塞窗口减半。虽然 TCP Westwood 协议在无线网络中的性能得到了显著提高，但其带宽估计依赖于 ACK 返回率，而 ACK 可能会在网路中缓存而延迟到达，甚至丢失，导致带宽估计不准确。

适用于陆地和卫星异构网络的 TCP Hybla 协议在分组丢失事件发生后，也用类似于 TCP Westwood 协议的带宽估计方法重新设置慢启动阈值，确保分组丢失发生后拥塞窗口能得到快速恢复。

扩展卡尔曼滤波带宽估计（EKF-Based Bandwidth Estimation，EBE）[15]利用扩展卡尔曼滤波方法在无线链路中进行带宽估计。EBE 不是实时地直接测量带宽，而是通过监测发送端每个流的状态或持续队列长度来预测可用带宽。EBE 能够用在多个 TCP 衍生版本中实现准确的带宽估计，但其性能依赖于使用的协议参数，而参数确定是一个难题。

（3）网络编码方法

文献[16]将网络编码和 TCP 结合，并只对协议栈做了微小的修改。协议利用随机线性编码在拥塞控制算法中屏蔽了链路误码分组丢失，从而使发送端对分组丢失原因做出正确判断。仿真实验结果证明，协议在高误码率的网络环境下大大提高了传输性能。

一种自适应 TCP 编码方案（Adaptive TCP Coding Scheme，ATCS）[17]用随机线性网络编码解决卫星网络中高误码率的问题。协议实时地预测链路误码率，然后动态地调整编码冗余，可以很好地屏蔽误码分组丢失对 TCP 性能的影响。模拟实验结果显示，ATCS 显著提高了 TCP 在卫星网络中的性能。

TCP-Forward[18]采用 LT（Luby-Transform）编码代替随机线性编码，进一步降低网络编码方案中的解码时延。由于 LT 码具有喷泉码的特性，TCP-Forward 能处理更大的编码窗口而不会引入不可忍受的解码延迟，同时在编码过程中也能使用自适应的编码冗余。实验结果显示，TCP-Forward 在高误码率的网络中比之前的方案具有更好的性能。

网络编码的方法需要同时修改发送端和接收端的协议实现，并且编码、解码会带来额外的网络开销和时延。

（4）分组失序探测方法

TCP DOOR[19]是针对有频繁路由变化的移动自组网提出的。在移动自组网中，路由变化导致的分组丢失会被 TCP 误认为是网络拥塞，从而降低发送端的发送速率。TCP DOOR 采用序数法探测分组失序，一旦探测到分组失序，就认为发生了路由变化，而不是网络拥塞。这时，TCP DOOR 会立即暂停拥塞控制，并将重传定时器和拥塞窗口的值设置为快速重传之前的大小。但是，在拥塞窗口恢复后，可能短时间内会有大量数据涌入网络中，导致网络不稳定。

RR-TCP（Reordering Robust TCP）[20]根据收到的 ACK 和重复选择确认（Duplicate Selective Acknowledgement，DSACK）计算失序报文长度，并根据这个值

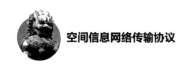

设置拥塞控制中的重传阈值，避免错误地认为网络发生拥塞。该方法在具有不同分组丢失率、时延和失序报文长度的网络环境中，能较大改善性能。但是该方法针对短数据流效果不明显。

2. 反向链路拥塞的解决方案

TCP Hybla、SCTP、TCP-Peachtree 等协议采用 SACK 解决卫星网络中的反向链路拥塞问题。SACK 能通知报文段的丢失、失序以及重传情况，同时相比传统 TCP 的确认机制能节约带宽，减小反向链路负载。

SCPS-TP 采用的是 SNACK，只反馈需要重传的数据序列号，同时 SCPS-TP 不依赖确认数据分组来调用各个拥塞机制，因此确认数据分组的反馈速率可以降低。SCPS-TP 还允许用户指定确认数据分组的发送速率，头部压缩方法也相应地减小了确认数据分组的大小。因此，SCPS-TP 在高度非对称链路上避免了较高的反向链路带宽占用，不易造成反向链路拥塞。

3. 带宽利用率低的解决方案

针对 TCP 在高分组丢失率、长且可变时延网络中带宽利用率低的问题，研究人员提出了大量的改进 TCP 措施，主要分为拥塞控制优化方法、差错控制优化方法。

（1）拥塞控制优化方法

该类方法主要通过修改拥塞控制的过程机制或调整拥塞控制的参数设置来提高带宽利用率，包括基于分组丢失的方法、基于时延的方法和基于分组丢失和时延混合的方法。

HSTCP[21]、STCP[22]、BIC TCP[23]、Cubic TCP[24]都采用基于分组丢失的拥塞控制方法。基于分组丢失的方法使用分组丢失作为网络拥塞的唯一标志，同时通过修改 TCP 的自适应加性增乘性减（Additive Increase Multiplicative Decrease，AIMD）机制实现更大的窗口增长和更小的窗口减小，从而提高带宽利用率。但是一旦出现分组丢失，该方法就认为网络发生了拥塞。此类协议用在有误码分组丢失以及链路切换分组丢失的航空自组网中性能较差。

TCP Vegas[25]、FastTCP[26]采用基于时延的拥塞控制方法。该方法使用队列时延检测网络是否拥塞。与基于分组丢失的方法相比，基于时延的方法能避免传输速率震荡，更快地达到稳定状态，获得较高的吞吐率。但该方法的主要问题体现在：首先，当和基于分组丢失的数据流竞争时，基于时延的数据流会遭受显著的性能下降；

其次，当网络拥塞比较严重时，大量的分组丢失将导致无法获得准确的队列时延；最后，在往返时延可变的网络中，一旦往返时延变大就会被误认为网络发生拥塞，导致发送速率错误降低。

Compound TCP（CTCP）[27]、TCP Illinois[28]、混合拥塞控制 TCP（Hybrid Congestion Control TCP，HCC TCP）[29]采用基于分组丢失和时延的混合拥塞控制方法弥补上述两种方法的缺陷。该类方法首先根据往返时延估计网络的拥塞程度，然后根据拥塞程度调整窗口更新函数。虽然在仿真和真实实验环境中，这些协议都表现出良好的性能，但是一旦往返时延估算不准确，就会导致协议性能明显下降。

（2）差错控制优化方法

这类方法包括显示分组丢失原因反馈方法以及针对反向链路拥塞提出的 SACK、SNACK 机制。

TCPCL、SCPS-TP 采用显示错误通告方法，避免错误的降低发送速率，显著提高带宽利用率。根据前面的分析，SACK、SNACK 机制也相应地提高了协议在高分组丢失率、长时延卫星网络中的带宽利用率。

4．带宽受限的解决方案

针对 TCP 在带宽受限网络中的问题，研究人员提出了两种解决方案：探测带宽机制和传输层压缩机制。

（1）探测带宽机制

TCP Peach 使用虚假报文探测网络可用资源，以此区分拥塞分组丢失和链路误码分组丢失。但因为携带重复信息，虚假报文不能被接收端用来恢复丢失的数据。TCP Peach+[30]引入了低优先级的 NIL 报文来探测链路的可用带宽和进行错误恢复，从而进一步提高 TCP 在高误码率的卫星网络中的性能。如果路径上的路由器拥塞，最先丢弃低优先级的 NIL 报文。一旦发送方收到 NIL 的确认报文，就表明网络中有空闲带宽。因此，发送方会相应地提高发送速率，从而充分利用网络资源。

虽然带宽探测机制能提高带宽利用率，但本质上网络中传输的数据量并没有减少，因此该机制在带宽受限网络中的性能提升比较有限。

（2）传输层压缩机制

为了减少传输的数据分组大小，SCPS-TP 采用了头部压缩机制。在数据丢失之后，该压缩机制不会影响后续接收数据分组的解压。

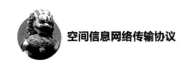

文献[8]使用二次压缩算法进行 TCP 头部压缩。该算法还可以扩展到三次或者多次解压。实验结果显示，该算法减小了数据传输量，可以有效地利用网络的有限带宽。

TCPComp[31]是一个 TCP 动态数据压缩方案，压缩决策算法决定压缩哪个数据块，压缩比估计算法预测压缩比，并利用预测的压缩比决定下一个被压缩数据块的大小，从而使压缩效率最大化。相比标准 TCP 和其他 TCP 压缩算法，TCPComp 有效地减少了 TCP 数据量，极大地改善了带宽受限网络的传输性能。

5. 链路中断的解决方案

针对卫星网络中的链路中断问题，TCP-Peachtree 使用了连接状态保持机制。如果发送端在规定时间内没有收到确认并预测出这种情况是因为天气原因造成的信号衰减，则进入保持状态。在该状态中，发送方会记录当前拥塞窗口的大小，停止所有重传定时器，并周期性地发送探测数据分组试探链路状态。当发送端收到探测数据分组的确认后，才会恢复发送数据。

SCPS-TP 采用跨层思想，用网络层 SCMP 判断空间网络链路是否出现中断。一旦链路出现中断，SCMP 会向其邻居广播链路不可用的消息，同时路由信息将进行更新，该消息也会传给上层的 SCPS-TP。收到 SCMP 的链路失效信号后，SCPS-TP 停止发送数据，然后发送探测数据分组定期探测链路是否可用，直到链路恢复。

6. 多径传输的解决方案

多径 TCP（Multipath TCP，MPTCP）[32]基于 TCP 实现多径传输，可以同时利用多个路径进行数据传输来提高网络整体吞吐率。但是当多个路径有不同的网络条件（时延、分组丢失率等）时，MPTCP 的性能将严重下降。如果在较差路径上发送的数据不能及时到达接收端，则来自较好路径上的数据可能填满接收端的缓存，导致较好路径不能再发送数据。

为了减少路径间的差异性，拥塞窗口自适应的多径 TCP[33]（Congestion Window Adaptation MPTCP，CWA-MPTCP）动态地调整每条路径的拥塞窗口来减少路径之间时延的差异。NC-MPTCP[34]对某些路径而不是所有路径进行网络编码，这样丢失或者延迟的队头阻塞数据能通过编码冗余数据得到补充，而不用重传。

多路径分组丢失容忍（Multipath Loss-Tolerant，MPLOT）传输协议[35]是适用于异构高误码无线环境的多径传输协议。MPLOT 传输协议采用里所（Reed Solomon，RS）

码有效地利用无线路径的多样性，实现显著的带宽增益。但是当路径质量突然下降时，协议性能也会显著降低。

HMTP[36]和 FMTCP[37]是基于喷泉码的异构多径传输协议，在高误码率的网络环境中，协议使用喷泉码编码比使用固定速率编码效果更好。HMTP 能增强多径网络的吞吐率和路径利用率，但该协议采用的是低效的停等工作机制，只有当发送端收到接收端的解码成功消息后才能继续发送下一个编码数据块。FMTCP 利用喷泉码的随机特性灵活地传输编码分组，但每条路径使用 TCP 进行数据传输，在高分组丢失率、长时延的网络环境中性能会明显下降。

2.2.2　基于 UDP 的应用层可靠传输

UDP 不提供任何可靠传输保障，如果应用程序需要提供可靠性，就需要在 UDP 之上的应用层实现可靠传输。基于 UDP 的可靠传输协议研究也是目前研究的一个热点，主要分为可靠 UDP（Reliable UDP，RUDP）和基于喷泉码的 UDP。

1. RUDP

RUDP 是建立在 UDP 基础上的应用层协议。RUDP 参照 TCP，通过增加连接管理、确认和重传等轻量级确保数据可靠传输的机制来提高协议吞吐率，同时还要最小化数据的传输时延。

文献[38]提出了一种基于 UDP 的可靠传输协议（Reliable Blast UDP，RBUDP）。协议简单地增加了确认和重传机制来保证数据的可靠传输，但是协议需要等到所有数据传完才会返回确认，并且没有拥塞控制机制，因此该协议的传输性能较低。

文献[39]在 RBUDP 的基础上提出了 Tsunami 协议。Tsunami 协议的改进主要体现在两个地方：首先，在确认机制上，Tsunami 协议是周期性地返回确认，而不是等到数据传输完再返回确认；其次，Tsunami 协议增加了基于分组丢失的拥塞控制机制，但是其机制非常简单，传输效率仍然不高。

为了提高 UDP 在无线网络中的性能，文献[40]提出了可靠动态缓冲 UDP（Reliable Dynamic Buffer UDP，RDBUDP）。RDBUDP 使用 TCP 传输控制信息，使用 UDP 传输数据信息。发送端和接收端使用缓存区大小字段来确保数据分组的正确排列。但是，恒定的发送速率模型可能会使接收端缓存溢出，从而导致终端拥塞。

文献[41]使用条件重传可靠传输协议（Conditional Retransmission Enabled Transport Protocol，CRETP）同时提高传输的可靠性和实时性。CRETP 采用条件重传和确认机制，同时确保数据的实时性。但是，重传会引入额外的时延，不适合用于时延敏感的应用。

文献[42]提出了基于 UDP 的数据传输协议（UDP-based Data Transfer Protocol，UDT）。协议在 UDP 的基础上增加了流量控制机制和拥塞控制机制。UDT 周期性地发送 SACK，并且检测到分组丢失就发送 NACK，同时 UDT 使用 DAIMD（AIMD with Decreasing Increase）算法来调节拥塞窗口。UDT 主要采用的是 TCP 的关键特性，并在应用层实现，这就使得 UDT 变得更加复杂，在很大程度上会降低其传输性能。

文献[43]对谷歌公司提出的 QUIC（Quick UDP Internet Connection）进行了详细介绍，并做了实验研究。QUIC 是谷歌提出的一种基于 UDP 的低时延传输协议。QUIC 可以快速地建立连接，并具有多路复用机制，很好地解决了现在传输层和应用层面临的挑战，如安全性、低延迟、更多的连接等。QUIC 适用于 Web 传输，但在长时延网络中协议性能较差。

上述基于 RUDP 的协议主要利用的是 TCP 的关键特性，比如确认和重传机制，在高分组丢失率、长时延的网络中，频繁的重传和重排序还是会导致严重的性能下降。

2. 基于喷泉码的 UDP

目前，很多基于喷泉码的方法也被提出在 UDP 上提供可靠的数据传输服务。作为前向纠错码，喷泉码打破了传统纠删码的固定速率限制，并且由于其灵活性，可以应用于任何网络中。

文献[44-48]利用喷泉码的特点为无缝高质量多媒体流传输提供可靠性和可扩展性。文献[44]提出了一种基于 Raptor 码的视频流网络编码算法。文献[45]提出的 R2 协议旨在从缓冲时延、服务器容量等方面提高实时视频流的传输性能。文献[46]提出了一种基于喷泉码和反馈信息的视频流传输框架，并提出了一种优化传输的高效码率调度算法。文献[47]提出了一种基于喷泉码的端到端虚拟路径构建系统，用于异构无线网络上的高质量实时视频流传输。文献[48]利用喷泉码提出了一种有效的基于网格的 P2P 视频流传输系统。

文献[49]提出了基于喷泉码的数据中心网络传输协议——基于 LT 编码的传输

协议（LT Code Based Transport Protocal，LTTP）。LTTP 利用基于 UDP 的 LT 码提供可靠传输，并采用 TCP 友好速率控制（TCP Friendly Rate Control，TFRC）调节服务器上的数据发送速率。

文献[50]利用喷泉码作为应用层 FEC，在无线网络中的 UDP 上提供可靠性。喷泉码的使用使得 UDP 的分组丢失大大减少，可靠性得到了显著增加。

文献[51]利用基于 UDP 的喷泉码提高基于云的语音识别系统的语音传输质量。实验结果表明，该方案在有分组丢失和抖动的网络环境中，提高了传输质量，同时减少了传输时延。

基于喷泉码的 UDP 可以获得较高的解码成功率，且没有重传引起的额外时延，但其容错能力受链路影响较大，传输过程不太稳定，并且使用有限的冗余分组也不能保证绝对的可靠性。

为了解决上述基于喷泉码的 UDP 的问题，很多研究把喷泉码和 RUDP 的机制相结合，比如反馈通道、拥塞控制等。文献[52]提出了实时遗忘纠错方法，在无速率编码的基础上增加了反馈信道，反馈信息包含接收端已解码分组的数量信息。文献[53]基于 SLT（System Luby Transform）码，也提出了类似的方法，其中反馈信息向发送端提供已解码分组的数量。另一类反馈信息指的是接收端基于解码状态请求特定的编码度，文献[54]采用该方法赋予了接收端在瞬时网络条件下监视和控制解码进度的能力。文献[14]使用喷泉码提供可靠传输，拥塞控制采用 TFRC 算法调节数据发送速率。

这些结合协议可以实现数据的稳定可靠传输，并且避免了重传，但是编码、解码增加了协议的时延和复杂度，额外的编码数据也带来了不必要的网络开销。

2.2.3　跨层交互传输

由于无线网络环境自身的特点增强了协议层之间的相关性，近年来，通过跨层交互改进 TCP 性能成了研究的新趋势。

TCPCL 通过对 MAC 层的 IEEE 802.11 协议和 TCP 进行修改，在链路层发生传输错误时，能够通知传输层，确保 TCP 能对分组的丢失进行正确的反馈，明显改善了 TCP 在多跳无线网络环境中的性能。

Yunus 等[55]基于跨层优化的思想提出一个新的传输协议，传输层通过与 MAC

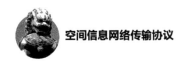

层互操作，进行拥塞通告处理、拥塞检测以及速率调节，为无线传感器网络同时提供了可靠数据传输和有效的拥塞控制。

跨层优化的方法虽然能够直接获取低层网络的状态，并因此获得显著的性能改善，但由于改变了原有的分层机制，收发双方的协议实现均需要较大的修改。

| 2.3 基于不同拥塞判定方法的传输协议研究 |

2.3.1 基于分组丢失

基于分组丢失的协议主要通过修改 TCP 拥塞避免阶段的 AIMD 机制来实现比 TCP Reno 更快的窗口增加和更慢的窗口减小机制，从而在高速网络中实现更高的吞吐率。下面介绍几种比较典型的协议改进机制。

HSTCP 和 STCP 采用动态的 AIMD 因子。其中 HSTCP 的拥塞窗口更新如下。

增加：$w = w + \alpha / w$。

减小：$w = (1 - \beta) \times w$。

即 AIMD 因子随当前拥塞窗口值变化。在标准 TCP 中 $\alpha = 1$，$\beta = 0.5$，也就是加法增大，乘法减小，为了达到 TCP 的友好性，在窗口较低的情况下，也就是说非 BDP 的网络环境下，HSTCP 采用的是和标准 TCP 相同的 α 和 β，也就是一样的方式来保证两者之间的友好性。当 BDP 大时，也就是 w 较大时，采取 $\alpha = \dfrac{2w^2 \delta \beta}{2 - \beta}$ 和 $\beta = \dfrac{-0.4(\lg(w) - \lg(38))}{\lg(w_{\max} - \lg(38))} + 0.5$ 来达到高吞吐率的要求，δ 是窗口为 w 时的分组丢失率。

STCP 的拥塞窗口更新如下。

增加：$w = w + \alpha / w$。

减小：$w = (1 - \beta) \times w$。

其中，$\alpha = 0.01$ 和 $\beta = 0.125$。

可见 HSTCP 和 STCP 在分组丢失时窗口减小的程度小于 TCP Reno，因此能够大大减少拥塞恢复时间。同时，这种机制会对使用标准 TCP 的背景流产生不公平的影响。研究表明，HSTCP 和 STCP 都不具备 RTT 公平性。

BIC TCP 采用二分法寻找最优的拥塞控制窗口，即当发生分组丢失时，BIC TCP 将当前的窗口记为 W_{max}，而将减小后的窗口（减小 0.125 倍）记为 W_{min}，并在这两个值之间寻找最优的拥塞窗口值。BIC TCP 在高速网络中实现了较好的可扩展性、公平性和稳定性。但 BIC TCP 的拥塞窗口增长函数对于其他 TCP 来说太激进，而且窗口控制较复杂，增加了协议实现和性能分析的复杂性。

Cubic TCP 是 BIC TCP 的一个改进版本，它简化了 BIC TCP 的窗口控制并增强了 TCP 友好性。它采用式（2-2）所示的三次函数来更新拥塞窗口。

$$W(t) = C(t - K)^3 + W_{max} \qquad (2\text{-}2)$$

其中，C 为扩展因子，t 为从上次分组丢失到现在经历的时间，K 是函数中从 W 增加到 W_{max} 所需的时间（假定在此期间没有分组丢失），K 由式（2-3）计算。

$$K = \sqrt[3]{W_{max}\beta / C} \qquad (2\text{-}3)$$

其中，β 为窗口减小因子。可以看出，Cubic TCP 的窗口调整独立于 RTT，因此具有较好的 RTT 公平性。

综上所述，基于分组丢失的协议采用分组丢失作为拥塞的标志，能够尽快探测可用带宽，但是这样的机制会导致传输速率频繁震荡，分组装满路由器缓存，速率的剧烈增加和减小会增加中间路由器的负担，从而导致严重拥塞，特别是在高速网络中震荡越发明显。

2.3.2　基于队列时延

FastTCP 是典型的基于队列时延的高速 TCP 改进版本，它是 TCP Vegas 的高速版本。它主要使用队列时延检测拥塞程度，同时以分组丢失信息作为补充。在稳定状态，FastTCP 根据估计到的平均 RTT 和平均队列时延，周期性地对拥塞窗口进行更新，更新计算式如式（2-4）所示。

$$W = \min\left\{ 2w, (1 - \gamma)w + \gamma\left(\frac{\text{baseRTT}}{\text{ave\_RTT}} w + \tau \right) \right\} \qquad (2\text{-}4)$$

其中，w 为拥塞窗口大小，τ 是协议在稳定态时路由器队列中缓存的分组数，$\gamma \in (0,1]$，baseRTT 是至今观测到的最小 RTT，ave_RTT 是平均 RTT。当检测到分组丢失时，FastTCP 将拥塞窗口减半。

考虑到当网络严重拥塞时，无法获得准确的队列时延信息，此时 FastTCP 以分组丢失作为拥塞信息，调整拥塞窗口。当网络拥塞程度不严重时，FastTCP 使用时延作为拥塞信息，可以很快地达到平衡状态。与基于分组丢失的协议相比，基于时延的协议能够快速聚合，并达到稳定状态，获得较高的平均吞吐率。但是基于时延的协议对队列时延比较敏感，如何实现准确的 RTT 测量估计是 FastTCP 的技术瓶颈。

2.3.3 基于分组丢失和时延的混合方法

为了弥补上述两种方法存在的缺陷，研究者提出基于分组丢失和时延的混合方法，这些方法能根据 RTT 估计网络的拥塞程度，并根据拥塞程度自动切换它们使用的拥塞控制模式或 TCP 窗口更新函数。

CTCP 在标准 TCP 的拥塞避免算法中引入基于时延的组件，拥塞窗口由基于分组丢失的窗口（cwnd）和基于时延的窗口（dwnd）两部分组成，即 win=cwnd+dwnd。win 的更新与 HSTCP 类似，cwnd 的更新遵循 TCP Reno 的规则，而 dwnd 的更新与时延相关，即

$$dwnd(t+1) = \begin{cases} dwnd(t) + (\alpha \cdot win(t)^k - 1)^+, \text{diff} < v \\ (dwnd(t) - \xi \cdot \text{diff})^+, \text{diff} \geq v \\ (win(t) \cdot (1-\beta) - cwnd/2)^+, \text{发生分组丢失} \end{cases} \quad (2\text{-}5)$$

其中，v 和 ξ 为常数，β 为 HSTCP 中的窗口减小因子。与 TCP Vegas 类似，CTCP 利用 RTT 估计队列中的分组数（diff），diff < v 表示拥塞程度较轻，反之表示拥塞程度加重，分组丢失时表示严重拥塞，根据不同的拥塞程度控制 dwnd 的取值。CTCP 在仿真和真实网络环境中均表现出良好的性能，并已在 Windows 操作系统中实现，但由于采用 Vegas 估算队列中的分组数，因此继承了 Vegas 的弱点，如对于先后进入的数据流，由于测量的最小 RTT 不同，导致后进入的数据流获得更大的带宽使用。

TCP Illinois 以分组丢失作为拥塞控制的主要信息，时延为次要信息，其窗口更新如下。

增加：$w = w + \alpha$。

减小：$w = w - \beta w$。

其中，参数 α 和 β 的值由时延决定，并设置了最大值和最小值。当拥塞窗口小于 10 时，分别设为 1 和 0.5，即采用 TCP Reno 的窗口更新方式。TCP Illinois 能够实现比 TCP Reno 更高的带宽利用率以及更好的公平性。虽然时延信息仅作为拥塞控制的次要信息，可一旦时延估计不准确，有可能导致 TCP Illinois 进入 TCP Reno 模式，实现与 TCP Reno 相同的性能。

HCC TCP 主要解决反向流量对 RTT 估计的影响问题，它采用时间戳来记录单向时延。HCC TCP 开始时使用基于时延的组件，当发生分组丢失后使用基于分组丢失的组件。

基于分组丢失和基于时延的组件中拥塞窗口的计算式如下。

基于分组丢失的组件

$$w_{\text{tar}} = (w_{\max} - w_{\min}) / 2 \qquad (2\text{-}6)$$

其中，$w_{\max}$ 和 $w_{\min}$ 分别表示分组丢失时的窗口大小和当前窗口大小。

基于时延的组件

$$w_a(t) = \frac{k}{\text{avg}Q(t)} \text{avg}D(t) \qquad (2\text{-}7)$$

其中，k 为常数，$\text{avg}Q(t)$ 和 $\text{avg}D(t)$ 分别表示前向链路的队列时延和 RTT。

HCC TCP 在一定程度上能够避免反向流量对 RTT 估计的影响，保证在这种情况下实现较高的吞吐率和较好的公平性，然而对于其他可能影响 RTT 估计准确性的情况（如大量分组丢失、路径变化造成传播时延变化等），仍然可能造成在高速网络中带宽利用率低的问题。

2.3.4　基于学习

基于分组丢失和基于队列时延的拥塞判定方法都统称为"手工设计"协议，即基于对网络流量模型的假设前提采用固定的拥塞判断及恢复机制。此类协议的通用方法是利用确认反馈 ACK 或分组丢失事件作为网络状态信号，然后通过指定的窗口控制函数调整发送窗口。但网络的发展趋势使流量特征越来越复杂并难以预测。因此，"手工设计"协议常常只在其前提假设成立的特定网络场景下有效，并且随着传输的进行，网络路径特征会相应地发生变化，传输效果可能不太理想。

另一类协议通过学习网络可学习的参数来探索网络窗口的调整机制，这类协议

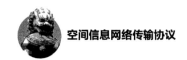

被称为"机器生成"协议，如 Remy[56]、Hita[57]、ZetaTCP[58]等。这类协议从原理上克服了"手工设计"协议无法适应网络路径特征变化的问题，保证了在各种不同网络环境及频繁变化的网络时延、分组丢失特征下的传输效果。

Remy 针对多用户网络，提出了一个新的端到端拥塞控制方法。首先，协议设计者指定他们预先知道的网络情况或假设以及算法想要实现的目标，例如高吞吐率或低队列时延等。然后通过一个 Remy 程序处理对应的分布式算法（为各个端节点生成控制规则）以实现预定目标。在 Remy 中，TCP 整个拥塞控制算法可根据低层网络的变化自动调整。然而，这个方法不太实际，因为：① 它需要预先知道网络状况或做出一些假设，也需要协议设计者指定目标函数；② 即使使用一个 48 核的服务器，Remy 通常也需要离线运行数小时（即 1、2 个 CPU-weeks）才能生成拥塞控制算法。此外，这个方法目前仅仅通过仿真实验进行评价，它与现有 TCP 改进版本的友好性仍不确定，因此在短期内不可能在互联网上部署。

Hita 是一种卫星网络下的端到端可靠传输协议，用来解决日趋异构化的卫星网络环境下无法高效利用链路带宽这一问题。该协议属于基于在线学习的"机器生成"协议。Hita 利用学习算法的框架，选取合适的反映网络特征的参数，寻找最能反映卫星网络特征的窗口模型。该协议基于应用层开发，传输层采用 UDP，在应用层实现窗口控制以及数据可靠性保证，该方案较 TCP 更易于实现，能快速进行窗口收敛，同时能实现不同应用的自定义选择。大量仿真及真实场景测试结果表明，Hita 协议在高带宽时延积网络、卫星网络上具有更高的吞吐率，同时保持了数据分组的低往返时延，具有较好的协议内公平性、协议间友好性以及协议稳定性。

ZetaTCP 在传输过程中动态学习判断每个特定连接的网络路径特征，如端到端时延及其变化特征、接收端反馈数据分组的到达间隔及其变化、数据分组逆序程度及变化特征、可能由安全设备深度数据检测引起的时延抖动、各种因素导致的随机分组丢失等。在实时跟踪这些特征的同时，ZetaTCP 随时综合分析这些特征，并从中推导出在这个特定 TCP 连接网络路径上反映拥塞及分组丢失的前兆信号，再根据这些动态智能学习的结果判断拥塞程度、决定与当前路径可用带宽相匹配的发送速度、拥塞恢复机制，并准确及时地进行分组丢失判断及恢复。通过这一创新的动态学习算法机制，ZetaTCP 能够适应各种网络情况及网络特征的变化，达到更稳定、更快速的传输效果，最终提升用户的体验。

2.3.5　显示拥塞通知

显示拥塞通知通过网络中间节点（路由器）进行相应的拥塞通告。相对于 TCP 端到端机制，网络中间节点可以更实时、更准确地获取拥塞信息，从而更加快速地进行拥塞控制。

按照路由器的反馈信息分类，显式拥塞通知可以分成两类。一类方法是通过少量比特信息反馈拥塞程度，发送端根据反馈的拥塞程度进行相应的拥塞控制。比如，ECN 协议用 IP 数据分组头部的 1 bit 表示是否发生拥塞，0 表示未发生拥塞，1 表示发生拥塞。当 IP 数据分组通过路由器时，路由器会根据网络状态填写 ECN 字段，并通过 ACK 反馈给发送端。可变结构拥塞控制协议（Variable-Structure Congestion Control Protocol，VCP）、二进制标记拥塞控制（Binary Marking Congestion Control，BMCC）协议以及其他改进协议使用 2 bit 或者更多的比特位表示拥塞程度，同时向发送端反馈网络拥塞状况。这类方法虽然没有改变原有数据分组格式，但牺牲了一部分网络拥塞信息的精确性。

显式拥塞的另一类方法是由路由器反馈目标速率。路由器直接计算合适的速率并反馈给发送端，发送端根据这个信息决定拥塞程度，并改变发送速率。这类协议包括显示控制协议（Explicit Control Protocol，XCP）[59]、速率控制协议（Rate Control Protocol，RCP）[60]、高效公平的显示拥塞控制协议（Efficient and Fair Explicit Congestion Control Protocol，EFXCP）[61]等。这类协议的特点是需要改变现有数据分组结构来容纳反馈速率的字段，如 XCP 需要 128 bit 携带反馈信息，而 RCP 需要 96 bit。

2.4　基于不同优先级的传输协议研究

2.4.1　主流不区分优先级传输

当前的主流数据传输协议，TCP、UDP 以及变种协议在进行数据传输时都不区分优先级。但是，近年来，随着云计算、移动互联网和卫星电视的飞速发展，卫星网带宽需求量大幅增长。随着具有完全不同特性的数据流模式的快速普及，如何明

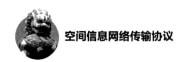

智地管理卫星带宽资源和最大化总体带宽利用率越来越成为主流趋势。为了支撑卫星网络中不同类型、不同优先级业务的可靠传输，必须提出新的区分优先级的传输协议，以实现可用带宽的利用。

2.4.2　低优先级传输

低优先级数据流传输用于某些重要性低或可能对网络存在潜在危害的数据流传输工作，不仅能避免使高优先级数据流进入拥塞状态，同时，在网络非高峰时段，也可作为一种利用端到端可用带宽并保持较低排队时延的技术手段。例如，在文献[62]中，低优先级协议即低额外延迟背景传输（Low Extra Delay Background Transport，LEDBAT）目前已替代 TCP 成为 BitTorrent 的默认拥塞控制协议。此外，低优先级协议也广泛用于数据备份、照片上传和操作系统更新等领域。

现有低优先级协议研究主要基于广泛部署的非对称数字用户线路（Asymmetric Digital Subscriber Line，ADSL）和电缆调制解调器等的窄带上行链路。例如，TCP Vegas 是当两个协议共享瓶颈链路时，具有比标准 TCP 发送速率更小的最早期的协议，采用带宽估计法对比预期和实际速率的大小，而 TCP Vegas 的设计目标是实现高优先级的高速可靠传输。2000 年之后，提出了很多基于时延拥塞控制信号的低优先级协议变体，基于时延的方法的核心思想是将增加的数据分组往返时延视为网络拥塞的早期信号。其中，TCP NICE[63]基于标准 TCP Vegas 协议进行了扩展，当一个分组往返时间超过给定阈值时，早期拥塞被触发，再利用乘性减窗机制进行窗口减小，此时拥塞窗口可以减小到 1 以下，直至网络拥塞结束；TCP-LP[64]基于 TCP NewReno 扩展而来，利用加权滑动平均算法对所有观测到的瞬时单向时延（One Way Delay，OWD）进行平滑，与基于 RTT 的协议相比，基于 OWD 的协议通过更精确地检测发送链路网络的流量行为，没有反向链路干扰，能更早地进行拥塞退避，目前，大多数 Linux 内核利用 TCP-LP 作为内置低优先级协议；HSTCP-LP [65]的拥塞控制算法被提出用于高速网络中的批量数据背景传送，该方法利用激进的基于时延的拥塞控制方案保证数据的快速增长，并利用低优先级的特性与其他低优先级协议保持公平性，然而，文献中没有清楚地说明协议的运行机制；当前，国际互联网工程任务组（The Internet Engineering Task Force，IETF）已将 LEDBAT 协议进行了标准化[64]，该协议利用有界的排队目标值，即允许引入网络的最大排队时延，为了不影响高优先级数据流的容量占用，排队目标值需要尽可能低，当检测到分组丢失时，协议也会像 TCP 一样将其拥塞窗口减半。

低优先级协议通过提供更低优先级的服务，减少高优先级数据流的时延和网络拥塞，同时保证充分利用网络链路的剩余带宽。然而，在网络空闲时，它们却无法充分利用网络带宽。此外，在与基于分组丢失的拥塞控制机制共存时，可能会出现明显的公平性问题。

2.5 基于不同部署方式的传输协议研究

2.5.1 双边部署传输协议

TCP 已经越来越不适应飞速发展的高速网络环境和新型应用的要求。当网络路径上存在一定的分组丢失和时延时，TCP 连接的吞吐率显著下降，常常无法有效地利用带宽，从而造成带宽的闲置和浪费。后来，很多学者和研究机构开始针对不同的网络环境研究 TCP 的优化，以提高应用数据在各种网络上的传输效率，突破 TCP 的技术瓶颈。这项技术被称为"TCP 加速""TCP 优化"或"协议加速"。由于优化后的 TCP 无法与传统的 TCP 互通，这些 TCP 变体版本（如 TCP NewReno，Cubic TCP，FastTCP，TCP Westwood、TCP Libra、STCP、TCP Illinois 等）要求在连接的两端同时部署。然而，双边部署 TCP 加速的应用范围较窄。如学校或中小企业组织和机构，主要应用是接入互联网，因此无法控制连接的另一端，无法使用双边部署的 TCP 变体版本。

2.5.2 单边部署传输协议

单边部署的 TCP 加速保持与标准 TCP 的完全兼容，只需要在 TCP 连接的一端部署，部署更加简单，使用更为广泛。对于直接面向终端用户的应用，如移动应用、互联网应用、云计算应用等，单边部署的 TCP 加速是较好的选择。

ZetaTCP 是一种只需单边部署就可以起到显著加速效果的 TCP 加速技术，是智能学习及自适应单边 TCP 加速技术。ZetaTCP 加速引擎能够与所有传统 TCP 协议

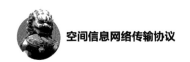

栈通信，只需单边部署就能带来显著加速效果。经过几年在各种网络环境中的不断调整改进，单边加速的 ZetaTCP 不但具备了广泛的适用性，而且达到了国际广域网加速厂商通过双边部署才能达到的 TCP 加速效果。

　　ZetaTCP 独特的单边部署特性极大地拓展了网络优化技术的适用范围。对于很多企业和机构，广域网链路主要用于互联网访问，无法使用双边部署方案。大量新兴的 B2B、B2C、网络游戏厂商和其他网络内容服务商面向广大互联网用户，也无法采用基于"双边部署"的优化技术。这些用户只需在服务器上安装内嵌 ZetaTCP 的加速软件或网络加速设备，其所有网络连接就可以得到加速。

| 2.6　基于不同拥塞控制方法的传输协议研究 |

2.6.1　基于窗口

　　传统的 TCP 拥塞控制机制是通过管理拥塞窗口进行的，主要包括慢启动、拥塞避免、快速重传和快速恢复机制，如图 1-2 所示。传统的基于窗口的 TCP 拥塞控制算法有 TCP Reno、TCP NewReno，改进的基于窗口的 TCP 拥塞控制算法有 TCP SACK、TCP Vegas、TCP Westwood、TCP Peach、HSTCP、FastTCP 等。

2.6.2　基于速率

　　基于速率的拥塞控制方法根据网络中指示拥塞的信息来调整发送端的数据发送速率，以达到 TCP 友好。这种方法可以分为简单的 AIMD 策略和使用模型的拥塞控制策略。简单的 AIMD 策略模仿 TCP 拥塞控制的行为，使用 AIMD 的方式调整发送速率，而使用模型的拥塞控制策略根据当前网络状态利用比较复杂的模型计算可能的发送速率，以保持 TCP 友好。基于速率的拥塞控制方法可以产生较平稳的数据流，因此多被用于多媒体数据传输。

　　TFRC 被公认为多媒体数据传输中较好的方案。其基本思想是在接收端估算分组丢失率，并反馈给发送端，发送端通过得到的反馈信息估算 RTT，并将分组丢失率与 RTT 代入 TCP 吞吐率模型，计算出当前的发送速率。TFRC 采用式（2-8）对发送速率不断地进行调节，以达到与 TCP 竞争流一致的吞吐率，从而实现 TCP 友好。

$$r = \frac{M}{t_{rtt}\sqrt{\dfrac{2Dl}{3}} + t_{out}\min\left(1, 3\sqrt{\dfrac{3Dl}{8}}\right)l(1 + 32l^2)} \qquad (2\text{-}8)$$

其中，r 为发送速率，M 为数据分组大小，t_{rtt} 为 RTT，l 为分组丢失率，t_{out} 为重传超时时间，D 为 TCP 接收端一次确认的分组数。

TCP Noordwijk[66]基于发送端的修改，实现了与传统 TCP 的兼容性和 TCP 友好性。TCP Noordwijk 以速率控制方法代替了传统 TCP 基于窗口的拥塞控制方法。传统的 TCP 滑动窗口概念被"wave"概念取代。具体地说，"wave"由预先决定的突发数据分组组成，这些分组根据以下条件发送。

- 在给定的时间间隔内，"wave"大小是固定的。传输完全由两个状态变量调节：BURST 和 TX_TIMER。BURST 调节"wave"的大小，TX_TIMER 代表时间间隔。在这个时间间隔内，BURST 既不能滑动也不能改变。
- BURST 和 TX_TIMER 根据基于 ACK 的反馈来进行更新。基于 ACK 的测量和"wave"变量是异步管理的。

2.7　基于不同连接机制的传输协议研究

2.7.1　端到端连接

TCP 是面向连接的、可靠的、基于字节流的端到端可靠数据传输协议。现在的基于端到端连接的传输协议是指发送端和接收端的协议栈采用协议改进和增加协议选项的方式，通过对 TCP 本身的修改进行 TCP 性能的提升。

针对卫星网络的链路特性，研究者们提出了众多基于端到端的改进方法。这些方案主要包括：增加初始发送窗口大小，采用更加激进的方法增加拥塞窗口，从而减小拥塞窗口增加到门限值的探测时间；使用 SACK 或者 SNACK 机制，解决上、下行链路不对称的问题；显示拥塞通知，以快速通知发送端网络是否发生拥塞；采用发送低优先级数据分组、基于学习的方法等区分误码分组丢失和拥塞分组丢失，以更好地调整拥塞策略，优化传输性能。

2.7.2 分段连接

如果端到端的链路由异构的物理链路构成,那么可以将这些不同物理链路分割为不同段,在每个段内采用不同的协议优化方式进行传输优化,从而使得 TCP 的端到端总体性能得到较大的提高。在卫星网络中,充分考虑到卫星链路与地面链路的不同,将发送端和接收端的 TCP 连接分为 3 段,在不同的段中可以采用不同传输协议。这 3 个段的连接构成了一个对应用层透明的端对端连接。通过分段可以针对不同传输特性进行协议的优化。分段连接机制是通过卫星协议网关实现的。

卫星协议网关通过打断发送端与接收端的 TCP 连接建立分段连接,在卫星链路中采用扩展的 TCP 或其他专门针对卫星链路设计的传输协议。由于此类协议考虑到卫星系统的特点,因而可以执行正确的拥塞控制,获取较高的传输速率以提高 TCP 在卫星链路中传输效率。同时,协议网关与主机仍以标准 TCP 建立连接,保证了对端到端应用的完全透明。但是,分段连接打破了 TCP 端到端的特性,因此无法兼容 IPSec 等协议。

Split TCP[67]引入了一个传输代理将卫星链路分为上行链路和下行链路两段。卫星节点作为应用级网关,而地面节点只负责数据的转发。Split TCP 在数据传输过程中,下行链路采用多点传输,上行链路采用单点传输,这在一定程度上解决了空间网络带宽不对称的问题。同时,通过对每一条上行链路采取独立的差错控制,进一步增加了协议的稳健性。虽然 Split TCP 提高了 TCP 在空间网络的传输性能,但它要求卫星节点有较高的存储和处理能力,实施复杂度较高。

增强性能的传输体系结构(Performance Enhancing Transport Architecture,PETRA)[68]将一个端到端连接分割为多个段,每一段上运行不同的传输协议。同时,协议将传输层分为了两个子层:较低的子层负责数据传输和差错控制,较高的子层提供可靠性保证。在带宽受限且不对称、高误码率的空间信息网络中,PETRA 协议表现良好。但是它没有解决空间网络高时延问题,且实施复杂度较高。

PEPsal[69]结合链路分段和欺骗策略,网关在数据未到达目的端之前伪装成目的端,提前回复确认消息,使得源端能提前增大拥塞窗口,提高发送速率。该协议既保留了标准 TCP 端到端的特性，又能达到提高链路传输速率的目的。PEPsal 虽然解决了链路协议兼容性问题，但在进行协议转换时需要较多的开销，导致协议性能受到一定的影响。

参考文献

[1] ALLMAN M, FLOYD S, PARTRIDGE C. Increasing TCP's initial window[R]. RFC 3390, 2002.

[2] ALLMAN M, HAYES C, OSTERMANN S. An evaluation of TCP with larger initial windows[J]. ACM SIGCOMM Computer Communication Review, 1998, 28(3): 41-52.

[3] AKYILDIZ I F, MORABITO G, PALAZZO S. TCP-Peach: a new congestion control scheme for satellite IP networks[J]. IEEE/ACM Transactions on Networking (ToN), 2001, 9(3): 307-321.

[4] BARAKAT C, CHAHER N, DABBOUS W, et al. Improving TCP/IP over geostationary satellite links[C]//Global Telecommunications Conference, Seamless Interconnection for Universal Services. Piscataway: IEEE Press, 1999: 781-785.

[5] ALTMAN E, BOLOT J, NAIN P, et al. Performance modeling of TCP/IP in a wide-area network[R]. RR-3142, 1997.

[6] LAKSHMAN T V, MADHOW U. The performance of TCP/IP for networks with high bandwidth-delay products and random loss[J]. IEEE/ACM Transactions on Networking (ToN), 1997, 5(3): 336-350.

[7] CAINI C, FIRRINCIELI R. TCP Hybla: a TCP enhancement for heterogeneous networks[J]. International journal of satellite communications and networking, 2004, 22(5): 547-566.

[8] DEGERMARK M, ENGAN M, NORDGREN B, et al. Low-loss TCP/IP header compression for wireless networks[J]. Wireless Networks, 1997, 3(5): 375-387.

[9] FLOYD S, MAHDAVI J, MATHIS M, et al. An extension to the selective acknowledgement (SACK) option for TCP[R]. RFC 2883, 2000.

[10] AKYILDIZ I F, FANG J. TCP-Peachtree: a multicast transport protocol for satellite IP networks[J]. IEEE Journal on Selected Areas in Communications, 2004, 22(2): 388-400.

[11] WANG R, VALLA M, SANADIDI M Y, et al. Adaptive bandwidth share estimation in TCP Westwood[C]//Global Telecommunications Conference (GLOBECOM). Piscataway: IEEE Press, 2002: 2604-2608.

[12] GERLA, MARIO, WANG M Y, et al. TCP Westwood: congestion window control using bandwidth estimation[C]//Global Telecommunications Conference (GLOBECOM). Piscataway: IEEE Press, 2001.

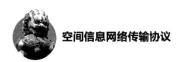
[13] WANG R, BURLEIGH S C, PARIKH P, et al. Licklider transmission protocol (LTP)-based DTN for cislunar communications[J]. IEEE/ACM Transactions on Networking, 2011, 19(2): 359-368.

[14] CHENG R S, LIN H T. A cross-layer design for TCP end-to-end performance improvement in multi-hop wireless networks[J]. Computer Communications, 2008, 31(14): 3145-3152.

[15] HUANG Z, LI X, YOUSEFI'ZADEH H. Robust EKF-based wireless congestion control[C]//IEEE International Conference on Communications. Piscataway: IEEE Press, 2010: 1-6.

[16] SUNDARARAJAN J K, SHAH D, MEDARD M, et al. Network coding meets TCP: theory and implementation[J]. Proceedings of the IEEE, 2011, 99(3): 490-512.

[17] DONG W, WANG J, HUANG M. ATCS: an adaptive TCP coding scheme for satellite IP networks[J]. KSII Transactions on Internet and Information Systems, 2011, 5(5): 1013-1027.

[18] CHI Y, AGRAWAL D P. TCP-Forward: fast and reliable TCP variant for wireless networks[J]. Computer Science, 2014.

[19] WANG F, ZHANG Y. Improving TCP performance over mobile ad-hoc networks with out-of-order detection and response[C]//The 3rd ACM International Symposium on Mobile Ad Hoc Networking & Computing. New York: DBLP, 2002: 217-225.

[20] ZHANG M, KARP B, FLOYD S, et al. RR-TCP: a reordering-robust TCP with DSACK[C]//The 11th IEEE International Conference on Network Protocols. Piscataway: IEEE Press, 2003: 95.

[21] FLOYD S. High speed TCP for large congestion windows[R]. RFC 3649, 2003.

[22] KELLY T. Scalable TCP: improving performance in highspeed wide area networks[J]. Computer Communication Review, 2003, 33(2): 83-91.

[23] XU L, HARFOUSH K, RHEE I. Binary increase congestion control (BIC) for fast long-distance networks[C]//The 23rd Annual Joint Conference of the IEEE Computer and Communications Societies. Piscataway: IEEE Press, 2004: 2514-2524.

[24] HA S, RHEE I, XU L. CUBIC: a new TCP-friendly high-speed TCP variant[J]. ACM SIGOPS Operating Systems Review, 2008, 42(5): 64-74.

[25] BRAKMO L S, PETERSON L L. TCP Vegas: end to end congestion avoidance on a global Internet[J]. IEEE Journal on Selected Areas in Communications, 2002, 13(8): 1465-1480.

[26] JIN C, WEI D X, LOW S H. FAST TCP: motivation, architecture, algorithms, performance[C]//The 23rd Annual Joint Conference of the IEEE Computer and Communications Societies. Piscataway: IEEE Press, 2004: 2490-2501.

[27] TAN K, SONG J, ZHANG Q, et al. A compound TCP approach for high-speed and long distance networks[C]//The 25th IEEE International Conference on Computer Communications. Piscataway: IEEE Press, 2006: 1-12.

[28] LIU S, SRIKANT R. TCP-Illinois: a loss and delay-based congestion control algorithm for

high-speed networks[J]. Performance Evaluation, 2008, 65(6-7): 417-440.

[29] XU W, ZHOU Z, PHAM D T, et al. Hybrid congestion control for high-speed networks[J]. Journal of Network and Computer Applications, 2011, 34(4): 1416-1428.

[30] AKYILDIZ I F, ZHANG X, FANG J. TCP-Peach+: enhancement of TCP-Peach for satellite IP networks[J]. Communications Letters IEEE, 2002, 6(7): 303-305.

[31] WANG M, WANG J, MOU X, et al. On-the-fly data compression for efficient TCP transmission[J]. KSII Transactions on Internet and Information Systems, 2013, 7(3): 471-489.

[32] FORD A, RAICIU C, HANDLEY M, et al. Architectural guidelines for multipath TCP development[R]. RFC 6182, 2011.

[33] ZHOU D, SONG W, SHI M. Goodput improvement for multipath TCP by congestion window adaptation in multi-radio devices[C]//2013 IEEE 10th Consumer Communications and Networking Conference (CCNC). Piscataway: IEEE Press, 2013: 508-514.

[34] LI M, LUKYANENKO A, CUI Y. Network coding based multipath TCP[C]//2012 IEEE INFOCOM Workshops. Piscataway: IEEE Press, 2012: 25-30.

[35] SHARMA V, KAR K, RAMAKRISHNAN K K, et al. A transport protocol to exploit multipath diversity in wireless networks[J]. IEEE/ACM Transactions on Networking, 2012, 20(4): 1024-1039.

[36] HWANG Y, OBELE B O, LIM H. Multipath transport protocol for heterogeneous multi-homing networks[C]//The ACM CoNEXT Student Workshop. New York: ACM Press, 2010: 5.

[37] CUI Y, WANG X, WANG H, et al. FMTCP: a fountain code-based multipath transmission control protocol[J]. IEEE/ACM Transactions on Networking (ToN), 2015, 23(2): 465-478.

[38] HE E, LEIGH J, YU O, et al. Reliable blast UDP: predictable high performance bulk data transfer[C]//IEEE International Conference on Cluster Computing. Piscataway: IEEE Press, 2002: 317-324.

[39] MEISS M R. Tsunami: a high-speed rate-controlled protocol for file transfer[R]. 2004.

[40] WANG L, WAN Z. Performance analysis of reliable dynamic buffer UDP over wireless networks[C]//2010 2nd International Conference on Computer Modeling and Simulation. Piscataway: IEEE Press, 2010: 114-117.

[41] YUE Z, REN Y, LI J. Performance evaluation of UDP-based high-speed transport protocols[C]//2011 IEEE 2nd International Conference on Software Engineering and Service Science. Piscataway: IEEE Press, 2011: 69-73.

[42] GU Y H, GROSSMAN R L. UDT: UDP-based data transfer for high-speed wide area networks[J]. Computer Networks, 2007, 51(7): 1777-1799.

[43] CARLUCCI G, DE CICCO L, MASCOLO S. HTTP over UDP: an experimental investigation of QUIC[C]//The 30th Annual ACM Symposium on Applied Computing. New York: ACM Press, 2015: 609-614.

[44] THOMOS N, FROSSARD P. Raptor network video coding[C]//The 1st ACM International Workshop on Mobile Video. New York: ACM Press, 2007: 19-24.

[45] WANG M, LI B. R2: random rush with random network coding in live peer-to-peer streaming[J]. IEEE Journal on Selected Areas in Communications, 2007, 25(9): 1655-1666.

[46] SENJU A, TOJO Y, DAIROKU H, et al. Adaptive unicast video streaming with rateless codes and feedback[J]. IEEE Transactions on Circuits and Systems for Video Technology, 2010, 20(2): 275-285.

[47] HAN S, JOO H, LEE D, et al. An end-to-end virtual path construction system for stable live video streaming over heterogeneous wireless networks[J]. IEEE Journal on Selected Areas in Communications, 2011, 29(5): 1032-1041.

[48] OH H R, WU D O, SONG H. An effective mesh-pull-based P2P video streaming system using fountain codes with variable symbol sizes[J]. Computer Networks, 2011, 55(12): 2746-2759.

[49] JIANG C, LI D, XU M. LTTP: an LT-code based transport protocol for many-to-one communication in data centers[J]. IEEE Journal on Selected Areas in Communications, 2013, 32(1): 52-64.

[50] MOKESIOLUWA F, MZYECE M, NOEL G. Performance complexity of raptor codes in TCP/IP-based wireless networks[C]//IEEE International Conference on Industrial Technology. Piscataway: IEEE Press, 2013: 1365-1370.

[51] ASSEFI M, WITTIE M, KNIGHT A. Impact of network performance on cloud speech recognition[C]//The 24th International Conference on Computer Communication and Networks. Piscataway: IEEE Press, 2015: 1-6.

[52] BEIMEL A, DOLEV S, SINGER N. RT oblivious erasure correcting[J]. IEEE/ACM Transactions on Networking, 2007, 15(6): 1321-1332.

[53] HAGEDORN A, AGARWAL S, STAROBINSKI D, et al. Rateless coding with feedback[C]//IEEE INFOCOM 2009. Piscataway: IEEE Press, 2009: 1791-1799.

[54] CASSUTO Y, SHOKROLLAHI A. On-line fountain codes for semi-random loss channels[C]//2011 IEEE Information Theory Workshop. Piscataway: IEEE Press, 2011: 262-266.

[55] YUNUS F, ISMAIL N S N, ARIFFIN S H S, et al. Proposed transport protocol for reliable data transfer in wireless sensor network (WSN)[C]//The International Conference on Modeling, Simulation and Applied Optimization (ICMSAO 2011). Piscataway: IEEE Press, 2011: 1-7.

[56] WINSTEIN K, BALAKRISHNAN H. TCP ex machina: computer-generated congestion control[J]. ACM SIGCOMM Computer Communication Review, 2013, 43(4): 123-134.

[57] LI X, WANG J, LIU L. Online autogenerated congestion control for high-speed transfer over high BDP networks[J]. IET Communications, 2017, 11(15): 2336-2344.

[58] 钟琳华. APPEX：ZeTaTCP 传输优化技术[J]. 中国计算机报, 2012(21).

[59] ZHANG Y. An implementation and experimental study of the explicit[C]//Infocom Joint Conference of the IEEE Computer & Communications Societies. Piscataway: IEEE Press, 2005.

[60] DUKKIPATI N. Rate control protocol (RCP): congestion control to make flows complete quickly[J]. These Instructions, 2007(8): 256-257.

[61] WU H, REN F, PAN W, et al. Analysis of efficient and fair explicit congestion control protocol with feedback delay: stability and convergence[J]. Computer Communications, 2010, 33(16): 1992-2000.

[62] SHALUNOV S, HAZEL G, IYENGAR J, et al. Low extra delay background transport (LEDBAT)[R]. RFC 6817, 2012.

[63] VENKATARAMANI A, KOKKU R, DAHLIN M. TCP Nice: a mechanism for background transfers[J]. ACM SIGOPS Operating Systems Review, 2002, 36(SI): 329-343.

[64] KUZMANOVIC A, KNIGHTLY EW. TCP-LP: low-priority service via end-point congestion control[J]. IEEE/ACM Transactions on Networking, 2006, 14(4): 739-752.

[65] KUZMANOVIC A, KNIGHTLY E W, COTTRELL R L. A protocol for low-priority bulk data transfer in high-speed high-RTT networks[C]//The 2nd International Workshop on Protocols for Fast Long-Distance Networks. [S.l.:s.n.], 2004.

[66] ROSETI C, KRISTIANSEN E. TCP Noordwijk: TCP-based transport optimized for Web traffic in satellite networks[C]//The 26th International Communications Satellite Systems Conference (ICSSC). Reston: American Institute of Aeronautics and Astronautics, 2008.

[67] KOPPARTY S, KRISHNAMURTHY S V, FALOUTSOS M, et al. Split TCP for mobile ad hoc networks[C]//Global Telecommunications Conference. Piscataway: IEEE Press, 2002: 138-142.

[68] MARCHESE M, MORABITO G, ROSSI M. PETRA: performance enhancing transport architecture for Satellite communications[J]. IEEE Journal on Selected Areas in Communications, 2004, 22(2): 320-332.

[69] CAINI C, FIRRINCIELI R, LACAMERA D. PEPsal: a Performance Enhancing Proxy designed for TCP satellite connections[C]//2006 IEEE 63rd Vehicular Technology Conference. Piscataway: IEEE Press, 2006: 2607-2611.

第 3 章

增强视频传输质量的部分可靠传输协议

本章主要研究卫星网络下视频业务的传输。作为卫星网络中重要的多媒体应用，高清晰度（High-Definition，HD）、实时视频目前越来越占据流媒体应用的主导地位。多项指标需要被同时考虑才能使多媒体应用达到应用级的良好体验质量（Quality of Experience，QoE），例如，较高的数据传输速率能保证视频画质的高清晰度，但视频应用的 QoE 不只由数据传输速率决定，还要保证尽可能低的数据传输时延，使视频无缝平滑播放。对于此类时延敏感型应用，传统的传输策略无法适应具有有限带宽、高误码率的卫星信道，因此，为卫星网络设计高效、具有服务质量（QoS）和 QoE 保障的视频传输协议是卫星网络多媒体应用的关键技术之一。

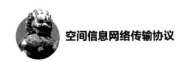
| 3.1 引言 |

本章针对卫星网络下以视频业务为代表的时延敏感型业务[1]，研究增强视频传输质量的部分可靠传输协议。

针对卫星网络链路具有的高误码率特性，本章提出了基于隐马尔可夫模型（Hidden Markov Model，HMM）的自调节部分可靠传输（Automatically Partially Reliable Transfer，APRT）协议，该协议能根据卫星网络信道特点，自适应地调整数据传输的可靠度，优化视频传输质量。该方法首先利用网络的状态性特点，通过HMM 算法对网络分组丢失情况和传输协议可靠度建立关系，再通过历史会话数据对 HMM 初始参数进行离线训练，然后在传输数据时，利用 HMM 对网络状态进行评估，得到合适的可靠度，同时，进行 HMM 参数的实时更新；APRT 协议兼容了现有的 TCP 拥塞控制方案进行速率控制，并考虑视频帧优先级权重来进行部分可靠性传输。大量的仿真实验表明，APRT 协议能有效地根据不同的网络环境进行视频流的优化传输，在获得较高吞吐率的同时，保证数据分组经历较低的时延和丢帧情况，从而保证视频流的服务质量[2]。

|3.2　视频传输策略框架概述 |

APRT 的主要思想如图 3-1 所示，即为视频传输业务达到一定可靠度的传输质量。图 3-1 中 TCP 属于完全可靠传输协议，UDP 属于完全不可靠传输协议，APRT 协议的可靠度在完全可靠与完全不可靠传输协议之间滑动。当网络质量较好时，协议具有较高的可靠度，当网络质量极好时，APRT 协议相当于完全可靠传输协议；当网络质量较差时，APRT 协议可靠度较低，当网络质量极差时，该协议与完全不可靠传输协议相等。

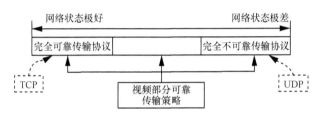

图 3-1　APRT 的主要思想

网络具有状态转化行为[3]，因此 APRT 协议应根据网络状态变化进行建模。在接收端通过 HMM 模型的离线训练和在线学习后，APRT 协议对视频传输进行部分的可靠性保证；同时，发送端采用部分可靠的拥塞控制算法进行流量控制。

协议的发送端与接收端控制策略都基于应用层实现，传输层采用 UDP，其整体架构如图 3-2 所示。在发送端，视频源文件通过编码器进行编码，APRT 协议基于运动图像专家组（Moving Pictures Experts Group，MPEG）视频编码方案[4]进行视频编码，然后通过协议的拥塞控制和重传数据模块决定发送到网络中的数据量，底层采用 UDP 进行数据传输。在接收端，当接收到正确的数据分组后，存入播放缓冲器中，利用缓冲器中的数据信息更新网络状态探测模块，视频数据再通过解码器，交付给应用进行播放，网络探测器根据收到的数据信息进行基于 HMM 算法的建模。初始的 HMM 参数由离线数据训练得到，通过该模型可以对网络状态进行预测，考查当前网络中数据分组丢失的情况，从而设置重传控制器。当有数据需要进行重传时，重传控制器向发送端返回确认反馈（类似于 TCP 中的 ACK），根据该确认反馈，发送端进行数据重传。

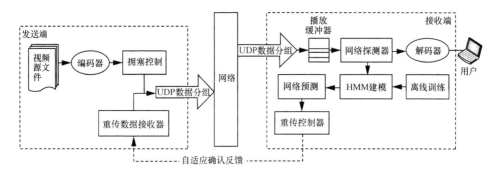

图 3-2　APRT 协议整体架构

| 3.3　基于隐马尔可夫模型的视频传输算法 |

3.3.1　建模

APRT 协议采用了基于重传率预测的 HMM。该模型如图 3-3 所示，采用网络底层的数据分组丢失率作为 HMM 隐藏状态，部分可靠传输协议的重传率为观测状态，协议利用的分组丢失率由底层隐藏的网络状态决定，网络状态一般由网络架构、瓶颈链路共享用户数量、带宽容量、误码率情况等决定。由于拥塞控制机制可以对带宽容量进行评估，而网络架构、用户数量等信息无法在端系统上精确获得，因此，本研究采用网络分组丢失率这一反映网络性能的重要指标作为网络性能判断的依据，再通过分析已有历史数据的特性，建立隐藏状态转换概率和预测状态发射概率，从而得到一个稳健、高效的协议数据重传率预测。

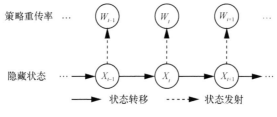

图 3-3　HMM 模型

首先，进行 HMM 规范定义，随机变量 W_t 表示在 t 时段内的策略重传率值，w_t 表示分组丢失率测量值，$\hat{W}_t$ 表示重传率的预测值。

假设策略重传率 W_t 随着隐藏的状态变量 $X_t \in \chi$ 的变化而变化，其中，$\chi = \{x_1, x_2, \cdots, x_N\}$ 表示可能的离散状态序列集，$N = |\chi|$ 表示状态的数量。直观来讲，状态会反映一些网络结构或用户的离散性状态的变化，例如，瓶颈链路的用户数量。鉴于状态变量 X_t 是一个随机变量，定义概率分布为向量 $\boldsymbol{\pi} = (\mathbb{P}(X_t = x_1), \cdots, \mathbb{P}(X_t = x_N))$。

HMM 假设状态随着马尔可夫过程的变化而变化，其中当前状态的概率分布只由前一个时段的状态决定，即 $\mathbb{P}(X_t | X_{t-1}, \cdots, X_1) = \mathbb{P}(X_t | X_{t-1})$。定义转移概率矩阵为 $P = \{P_{ij}\}$，其中，$P_{ij} = \mathbb{P}(X_t = x_i | X_{t-1} = x_j)$，根据马尔可夫特性，则

$$\boldsymbol{\pi}_{t+\tau} = \boldsymbol{\pi}_t P^{\tau} \tag{3-1}$$

给定隐藏状态 X_t，假设网络分组丢失率 W_t 的概率分布函数（Probability Distribution Function，PDF）（即发射概率分布函数）是高斯分布函数。

$$W_t | X_t = x \sim N(\mu_x, \sigma_x^2) \tag{3-2}$$

此处注意，HMM 是一个通用模型，除了 PDF，还能使用其他任意概率函数。PDF 能为实验数据集提供高精度预测，同时该函数计算复杂度低。

图 3-4 给出了基于一个有 3 个状态的会话集群数据集的 HMM 示例，每个状态服从分组丢失率的高斯分布 $N(\mu, \sigma^2)$。该分布由均值和标准差表示，其转移概率在每对状态间计算，即当前会话的分组丢失率在图 3-4 中的状态 1，则下一个时段网络继续保持在状态 1 的概率是 0.34，转换到状态 2 和状态 3 的概率分别是 0.40 和 0.25。由图 3-4 还能看出，状态间的分组丢失率转移概率和状态内的分组丢失率标准差都很小，可以清楚地得出网络分组丢失率的演化行为是有状态的行为，即网络分组丢失率的演化行为符合 HMM。

在进行训练和预测之前，总结 HMM 的所有数据定义符号：假设 $W_{1:t} = \{W_1, \cdots, W_t\}$ 表示从 1 到 t 时段的网络分组丢失率，$\boldsymbol{\pi}_{t_1|1:t_0} = (\mathbb{P}(X_{t_1} = x_1 | W_{1:t_0}), \cdots, \mathbb{P}(X_{t_1} = x_N | W_{1:t_0}))$ 表示从 1 到 t 时段的网络分组丢失率隐藏状态 X_{t_1} 的 PDF 向量。例如，$\boldsymbol{\pi}_{t|1:t-1}$ 是给出了直到 $t-1$ 时段的网络分组丢失率的状态 PDF。

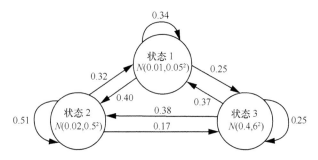

图 3-4　基于一个有 3 个状态的会话集群数据集的 HMM

3.3.2　离线训练阶段

协议中的 HMM 使用主要分为离线训练和在线预测两个阶段。

APRT 协议在给定状态数量 N 的情况下，利用训练数据集 $\text{Set}(M_s^*, s)$ ，通过最大期望（Expectation-Maximization，EM）算法，进行对指定集群的 HMM 参数学习，计算式表示为 $\theta_{\text{HMM}} = \{\pi_0, P, \{(\mu_x, \sigma_x^2), x \in \chi\}\}$ 。其中存在状态数量 N 的确定问题，即如何设定一个适合的 N 来权衡模型整体性能，一方面，越小的 N 值对应越简单的模型，但可能无法充分代表可能的行为空间；另一方面，N 值越大会导致模型越复杂，产生更复杂的模型参数，同时相应地会产生过拟合问题。

3.3.3　在线预测阶段

通过 3.3.2 节的离线训练阶段，可以得到两个算法的初始化值：关键特性集，即网络分组丢失率；训练数据集中每一个网络条件下传输的相应预测模型。

在线预测阶段，一个新的数据传输过程将会映射到与训练集中结果最相似的窗口，即预测要与训练集的特性几乎完全匹配；然后，利用相应的会话 HMM 进行预测。

HMM 的在线预测算法如算法 3-1 所示。算法 3-1 不仅能利用 HMM 预测下一时段的数据重传率，同时在测试实验中真实的分组丢失率及重传率时，还要进行 HMM 状态及参数的更新。

算法 3-1　APRT 在线预测

1:　　t 表示时段的 id 编号；

2:　　T 表示模型更新时段 id 的结束；

3:　　**for**　$t = 1$　**to**　T　do

4:　　**if**　$t = 1$　**then**

5:　　　　初始化　$\boldsymbol{\pi}_1$　和　$\hat{W}_1 = \text{Median}(\text{Set}(M_s^*, s))$;

6:　　**else**

7:　　　　$\boldsymbol{\pi}_{t|1:t-1} = \boldsymbol{\pi}_{t-1|1:t-1} P$;

8:　　　　Forward（HMM, T, W）; /*前向算法*/

9:　　**end if**

10:　计算选择重传率预测值 $\hat{W}_t$;

11:　获取分组丢失率测量值 w_t ;

12:　更新 HMM 参数；

13: **end for**

（1）预测初始化

HMM 依赖于当前时段网络分组丢失率的测量来预测下一个时段的网络分组丢失率。然而，初始时段没有用来进行预测的历史数据，因此，策略估计流量 s 传输的初始网络分组丢失率直接使用 $\text{Set}(M_s^*, s)$ 的均值，该 $\text{Set}(M_s^*, s)$ 是在最匹配的特性 M_s^* 及 M_s^* 的时间段内的流量 s 传输，即

$$\hat{W}_1 = \text{Median}(\text{Set}(M_s^*, s)) \tag{3-3}$$

初始网络重传率以及训练成的预测模型的预测在预测引擎中计算，并发送给视频客户端，以此来进行数据分组重传的调节以及比特率变化的控制，服务器端能以此进行更具自适应性的比特率流量控制。

（2）预测阶段

在时段 t，给定了更新后的 HMM 状态的 PDF，根据马尔可夫特性计算当前时段的状态 PDF 如式（3-4）所示。

$$\boldsymbol{\pi}_{t|1:t-1} = \boldsymbol{\pi}_{t-1|1:t-1} P \tag{3-4}$$

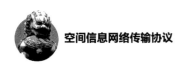
预测的重传率 $\hat{W}_t$ 由式（3-5）～式（3-7）确定。

$$\hat{W}_t = \mu_x \tag{3-5}$$

$$x = \arg\max_{x \in \chi} \mathbb{P}\left(\sum_j^n X_N(j) \right) \tag{3-6}$$

$$X_{t+1}(j) = \sum_{i=1,\cdots,N} X_t(i) P_{ij} W_{t+1} \big| X_j \tag{3-7}$$

协议采用的预测算法如算法 3-2 所示。

算法 3-2 向前预测算法

1: i, j 表示状态索引；

2: t 表示时间索引；

3: sum 表示求局部概率时的中间值；

4: **for** $i = 1$ **to** phmm $\rightarrow N$

5:　　$\alpha_1 \big| X_j = \text{phmm} \rightarrow \boldsymbol{\pi}_i * \text{phmm} \rightarrow W_1 \big| X_j$；

6: **for** $t = 1$ **to** T

7:　　**for** $j = 1$ **to** phmm $\rightarrow N$

8:　　　　　sum = 0.0；

9:　　　**for** $i = 1$ **to** phmm $\rightarrow N$

10:　　　　　sum += $\alpha_t \big| X_j$ *（phmm $\rightarrow P_{ij}$）；

11:　　　　$\alpha_{t+1} \big| X_j = \text{sum} * (\text{phmm} \rightarrow W_{t+1} \big| X_j)$；

12:　　　**end for**

13:　**end for**

14:　　$*P = 0.0$；

15:　　**for** $i = 1$ **to** phmm $\rightarrow N$

16:　　　　$*P += \alpha_{T+1} \big| X_j$；

（3）HMM 参数更新

　　当测得实时网络分组丢失率 w_t 后，利用该参数进行 HMM 状态 $\boldsymbol{\pi}_t$ 的信息更新，以便于模型能反映最新的网络状态信息，即在给定实际网络分组丢失率 $W_t = w_t$ 和

$\boldsymbol{\pi}_{t|1:t-1}$ 后，利用 Baum-Welch 算法进行参数更新。

$\boldsymbol{\pi}_{t|1:t-1}$ 更新参数为 $\bar{\boldsymbol{\pi}}_{t|1:t-1}$，其计算式如式（3-8）所示。

$$\bar{\boldsymbol{\pi}}_{t|1:t-1} = \frac{\mathbb{P}\left(W_1, W_2, \cdots, W_t, X_t = x_i \middle| W_{1:t}\right) \mathbb{P}\left(W_{t+1} \middle| X_t = x_i, W_{1:t}\right)}{\sum_{i=1}^{N} \mathbb{P}\left(W_1, W_2, \cdots, W_t, X_t = x_i \middle| W_{1:t}\right) \mathbb{P}\left(W_{t+1} \middle| X_t = x_i, W_{1:t}\right)} \tag{3-8}$$

P_{ij} 更新参数为 $\bar{P}_{ij}$，其计算式如式（3-9）所示。

$$\bar{P}_{ij} = \frac{\mathbb{P}\left(W_1, W_2, \cdots, W_t, X_t = x_i \middle| W_{1:t}\right) P_{ij} W_{t+1} \middle| X_j \mathbb{P}\left(W_{t+1}, W_{t+2} \middle| X_{t+1} = x_{i+1}, W_{1:t+1}\right)}{\sum_{i=1}^{N} \mathbb{P}\left(W_1, W_2, \cdots, W_t, X_t = x_i \middle| W_{1:t}\right) \mathbb{P}\left(W_{t+1} \middle| X_t = x_i, W_{1:t}\right)} \tag{3-9}$$

算法 3-3 展示了 Baum-Welch 参数更新算法[5]的流程。其中，$\boldsymbol{\pi}$ 为初始状态概率矩阵，$\boldsymbol{X}$ 为状态转移矩阵，$\boldsymbol{W}$ 为发射矩阵，P_{ij} 为最佳参数。ForwardWithScale(·) 为带修正的前向算法，BackwardWithScale(·) 为带修正的后向算法，ComputeGamma(·) 计算 gamma，即计算转移矩阵所需的分母，ComputeXi(·) 为给定训练序列和矩阵 $\boldsymbol{X}_i$ 计算转移矩阵所需的分子。

算法 3-3　Baum-Welch 算法参数更新

1: **for** $i = 1$ **to** phmm $\rightarrow N$ /*当 t=1 时，调整状态 i 的频率*/
2: 　　　phmm $\rightarrow \boldsymbol{\pi}_i$ = gamma[1][i];
3: 　　　/*在每个状态中重新估计转移矩阵和符号概率*/
4: 　　**for** $i = 1$ **to** N
5: 　　　　**for** $t = 1$ **to** $T-1$
6: 　　　　　　$\boldsymbol{X}_1$ += gamma[t][i];
7: 　　　　**end for**
8: 　　　　**for** $j = 1$ **to** phmm $\rightarrow N$
9: 　　　　　　**for** $t = 1$ **to** $T-1$
10: 　　　　　　　　$\boldsymbol{X}_2$ += xi[t][i][j];
11: 　　　　**end for**
12: 　　　　phmm $\rightarrow P_{ij} = \boldsymbol{X}_2 / \boldsymbol{X}_1$;
13: 　　**end for**
14: 　　$\boldsymbol{W}_1 = \boldsymbol{X}_1 + \boldsymbol{\pi}_{i|1:t-1}$;

15:　　**for** $i = 1$ **to**　phmm $\rightarrow M$

16:　　　　**for** $t = 1$ **to** $T-1$

17:　　　　　　**if** $W_t == k$

18:　　　　　　　　$W_2 += \boldsymbol{\pi}_{i|1:t-1}$;

19:　　　　　　**end for**

20:　　　　　　phmm $\rightarrow W_1 \big| X_j = W_2 / W_1$;

21:　　　　**end for**

22:　　**end for**

23:　**end for**

24: ForwardWithScale（phmm, T, $\boldsymbol{W}$, alpha, scale, & logprobf）;

25: BackwardWithScale（phmm, T, $\boldsymbol{W}$, beta, scale, & logprobb）;

26: ComputeGamma（phmm, T, alpha, beta, gamma）;

27: ComputeXi（phmm, T, $\boldsymbol{W}$, alpha, beta, xi）;

28: /*计算两次迭代对数概率之间的差异*/;

29: delta = logprobf – logprobprev;

30: logprobprev = logprobf;

31: *plogprobfinal = logprobf;

3.3.4　拥塞控制

APRT 协议的拥塞控制机制主要分为拥塞窗口控制及快速重传两部分，具体过程如下所述。

在拥塞窗口控制阶段，当接收端利用 HMM 确定了视频的重传率后，返回自适应确认反馈数据分组，当发送端收到该反馈数据分组时，APRT 协议拥塞窗口控制即采用三次函数（Cubic TCP 中基于分组丢失的拥塞控制策略）来更新窗口大小，达到对发送数据的速率控制。

在快速重传阶段，网络中路由器处理能力限制、链路错误等原因都会导致数据分组丢失。当数据分组在网络中发生数据分组丢失事件时，接收端根据 HMM 预测网络状态，并进行重传控制器的处理。当预测网络处于不拥塞状态时，接收端数据重传器几乎返回所有应收数据的确认反馈，发送端在收到数据分组的 3 次重复确认反馈或确认超时后，进行该数据分组的快速重传；当预测网络处于较差的网络环境或网络处于拥塞状态时，接收端数据重传会返回部分数据的确认反馈，发送端只进行这些反馈的数据分组的快速重传。在某些极限条件下，如网络非常空闲时，APRT 协议近似为 TCP 的完全可靠传输协议；当网络条件非常差或极度拥塞时，APRT 协议近似为 UDP 的完全不可靠传输协议。

此外，本实验基于 MPEG 视频编码机制，MPEG 编码将画面（即帧）分为 I、P、B 3 种类型的数据帧，I 是内部编码帧，P 是前向预测帧，B 是双向内插帧。简单来讲，I 帧是一个完整的画面，而 P 帧和 B 帧记录的是相对于 I 帧的变化，没有 I 帧，P 帧和 B 帧就无法解码。因此，当接收端发现 I 帧丢失时，会 100% 返回 I 帧的确认反馈数据分组，P 帧和 B 帧则依据网络状态自适应地返回确认数据分组。

| 3.4　仿真评价 |

3.4.1　仿真场景设置

本节通过网络仿真软件 NS2 研究算法 APRT 的性能。实验的仿真拓扑如图 3-5 所示，实验平台包括发送端、接收端以及中间的卫星网络，所有的端系统都配有一条链路，本节将针对以下的两种网络环境进行实验。

- 场景 A：宽带网络，瓶颈链路带宽为 10 Mbit/s，往返时延为 100 ms。
- 场景 B：窄带网络，瓶颈链路带宽为 200 kbit/s，往返时延为 50 ms。

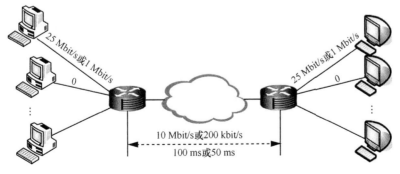

图 3-5　仿真实验拓扑

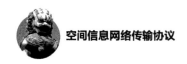

实验中 MTU 为 1 500 B，瓶颈链路的队列长度为 100 个数据分组，其他的链路队列长度为 10 000 个数据分组，默认链路误码率为 10^{-7}，链路分组丢失模型符合均匀分布模型。本实验研究了队列缓冲区为 64 KB 端系统缓冲区的不同的传输策略的性能，同时播放缓存器默认为无限大。

本实验使用基于四分之一公共中间格式（Quarter Common Intermediate Format，QCIF）[6]的亮度–带宽–色度（Luminance-Bandwidth-Chrominance，YUV）视频序列（分辨率为 176 像素×144 像素），2 000 个视频帧进行实验。利用 Evalvid 视频传输平台中的 ffmpeg.exe 程序处理后生成 MPEG 的视频序列文件，在 NS2 模拟中，节点以 60 帧/s 的速率开始发送视频的跟踪文件数据，模拟实验将在 $1.0 \times 1\,000/60 \times (2\,000 + 1)/1\,000 = 33$ s 后停止。实验对协议的效率、往返时延、时延抖动、分组丢失率、丢帧情况、峰值信噪比（Peak Signal to Noise Ratio，PSNR）、视频质量和播放缓存进行了评估，仿真实验将 APRT 协议与 TCP、实时传输协议（Real-time Transport Protocol，RTP）和 UDP 进行了对比。

3.4.2　单条数据流实验场景

首先，进行了两种网络场景下单条数据流的仿真实验，APRT 协议的各项性能指标如下。

图 3-6 显示了瓶颈链路带宽分别为 10 Mbit/s 和 200 kbit/s 时，不同链路误码率下各协议的平均吞吐率。该项指标仅作为视频传输协议的参考性能，因为平均吞吐率大并不代表视频传输质量好，但可以反映协议底层性能及网络状态，由图 3-6 可以看出，所有协议的平均吞吐率大致随着链路误码率的增加而减少。如图 3-6（a）所示，瓶颈链路带宽为 10 Mbit/s 时，所有协议都没有完全利用链路带宽，因而网络处于没有拥塞的状态。在链路误码率为 10^{-9} 到 10^{-6} 时，网络状态良好，此时 APRT 协议和 TCP 平均吞吐率为 616 kbit/s，大于 RTP 及 UDP 220 kbit/s 的平均吞吐率，这是因为 RTP 及 UDP 的吞吐率受限于发送端应用层向传输层的视频编码帧传输速率，而 TCP 和 APRT 协议存在可靠数据分组的确认，即会产生部分重传数据分组。当链路误码率大于 2.0×10^{-6}（即图 3-6 中虚线右侧）时，UDP 和 RTP 的平均吞吐率开始大于可靠 TCP，而 APRT 协议开始表现出类似 UDP 的效率性能，这是由于 TCP 基于数据分组确认反馈机制进行了拥塞控制，而 APRT 协议采用了不完全可靠的重传机制。综上可得，在链路误码率较低时，APRT 协议的平均吞吐率近似于 TCP，而当链路误码率变

大时，APRT 协议的平均吞吐率大于 TCP，这是因为 APRT 相对于 TCP 减少了重传数据分组的数量，所以提升了视频数据传输的实时性。

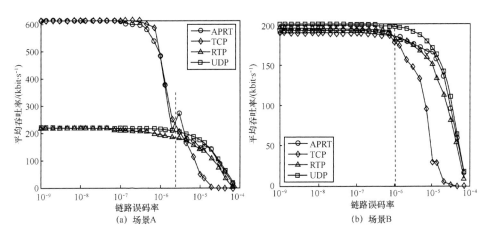

图 3-6　单条数据流场景下各协议在不同链路误码率下的平均吞吐率对比

如图 3-6（b）所示，当瓶颈链路带宽为 200 kbit/s 时，链路带宽达到即将饱和的状态。此时，链路处于适度拥塞的状态。在链路误码率不同的情况下，UDP 始终保持平均吞吐率最高的状态，约为 200 kbit/s，其次是 RTP，约为 197 kbit/s，当链路误码率为 10^{-9} 到 10^{-6} 时，APRT 协议平均吞吐率略高于 TCP，当误码率大于 10^{-6} 时，TCP 的性能快速降低，产生以上结果的原因是 UDP、RTP 没有数据分组发送控制机制，在吞吐率较大时，RTP 有数据分组序列保证机制，因此吞吐率略小于 UDP，而 TCP 由于拥塞控制机制以及完全可靠的传输保证这两个条件，导致数据发送量的减少；APRT 协议则会根据 HMM 判断网络的状态，在接近饱和带宽占用率时，采用部分可靠传输的机制，有选择性地进行数据的快速重传工作，同时，在网络分组丢失率过大时，通过降低协议的可靠性，弥补视频传输所需的数据传输实时性，从而在视频的高清质量与视频播放的连续性两者间做出权衡。

其次，进行了往返时延及时延抖动的评价。图 3-7（a）表示场景 A 中链路误码率为 10^{-5} 时，各协议随时间变化的时延变化曲线。由图 3-7（a）可以看出，TCP 数据分组往返时延基本上在[52.5, 53.5]内变化，APRT 协议稳定后数据分组往返时延基本上在[52.5, 53]内变化，基于 RTP 的协议和基于 UDP 的协议数据分组往返时延基本上在[50, 53]内变化。这是因为在网络带宽未被完全利用时，TCP 的完全可靠性会使网络中的路由器缓存一定量的数据分组，使数据分组产生排队时延，导致往返时延的增长，

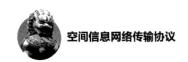

而不保证可靠的协议中，随着不可靠性的增加，数据分组的往返时延也相应地减小。结合图 3-8（a）中相应的时延抖动结果同样可以看出，TCP 具有较高的时延抖动，多次达到 0.3 甚至 0.5 的时延抖动，时延抖动越大，表示路由器中排队情况越不稳定；而 RTP 和 UDP 的时延抖动大部分小于 0.06，APRT 协议时延抖动大部分在[0,0.1]内。

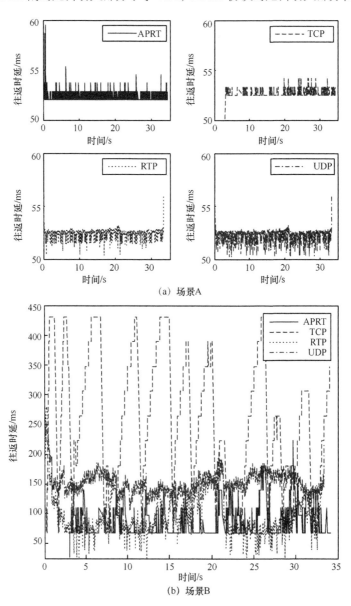

图 3-7　单条数据流场景下，不同协议往返时延对比

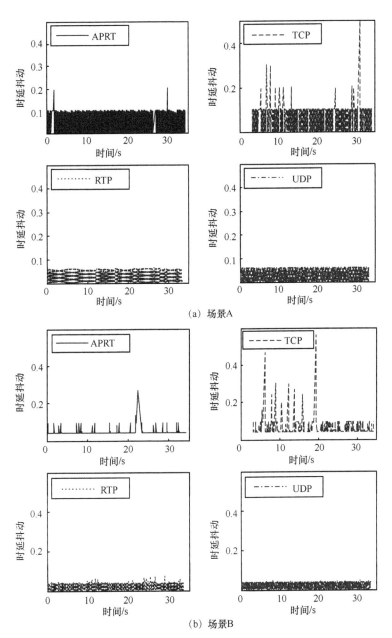

（a）场景A

（b）场景B

图 3-8　单条数据流场景下，不同协议的时延抖动对比

图 3-7（b）表示场景 B 中链路误码率为 10^{-5} 时，各协议随时间变化的时延变化曲线。由图 3-7（b）可以看出，不同协议间往返时延差异巨大。其中，TCP 往返时延

远远高于其他 3 个协议，在[70, 440]内呈现阶梯式规律性变化，这是由 TCP 拥塞窗口的规律性变化导致的，此时网络利用率很高，同时具有较高随机误码率，导致路由器存在大量的缓存数据分组，当网络有空闲带宽时，窗口缓慢大，每发生一次分组丢失事件，拥塞窗口进入拥塞避免阶段。UDP 数据分组小于 TCP 数据分组的往返时延，但由于此时网络利用率很高，而 UDP 没有拥塞控制机制，所以路由器中也缓存了大量的数据分组，导致数据分组往返时延在 150 ms 上下浮动。RTP 则由于存在有序性的保证，会在接收端丢弃失序的数据分组，大部分时延值小于 150 ms。APRT 协议也具有较小的往返时延，大部分数据往返时延在[70, 150]内变化，在 25 s 至 30 s 时段也具有一定的阶梯曲线特性。这是由于在基于 HMM 的网络情况预测下，APRT 进行了自适应的确认数据分组发送，从而在一定程度上避免了发送端拥塞窗口没有必要的减小，尽量使拥塞窗口处于相对稳定的状态。结合图 3-8（b）中相应的时延抖动结果可以看出，TCP 的时延抖动范围为[0,0.5]，时延抖动剧烈，APRT 协议的时延抖动除个别点达到 0.3，几乎都小于 0.1，RTP 和 UDP 具有最小的时延抖动，几乎都小于 0.06。

表 3-1 展示了单条数据流场景下，不同协议在不同网络状态下的数据分组丢失情况。总体可以看出，在两种链路误码率情况下，协议分组丢失率变化基本为：UDP 分组丢失率>RTP 分组丢失率>APRT 协议分组丢失率>TCP 分组丢失率，同时当带宽为 200 kbit/s 时，对 UDP 和 RTP 性能影响较大，丢帧总数可分别达 452 和 314，而 APRT 协议最高为 178。

表 3-1　单条数据流场景下，不同协议在不同带宽及误码率下的数据分组丢失情况

带宽	10 Mbit/s		
协议	链路误码率	分组丢失率	丢帧总数
APRT	10^{-7}	0.006 5	17
	10^{-5}	0.121 5	52
TCP	10^{-7}	0.006 2	16
	10^{-5}	0.137 5	40
RTP	10^{-7}	0.068	18
	10^{-5}	0.119 8	286
UDP	10^{-7}	0.007 4	19
	10^{-5}	0.116 6	299

（续表）

带宽	200 kbit/s		
协议	链路误码率	分组丢失率	丢帧总数
APRT	10^{-7}	0.047 1	83
	10^{-5}	0.140 9	178
TCP	10^{-7}	0.028 5	24
	10^{-5}	0.134 1	24
RTP	10^{-7}	0.163 8	303
	10^{-5}	0.136 4	314
UDP	10^{-7}	0.176 2	452
	10^{-5}	0.156 7	402

下面进行视频性能重要指标——PSNR[7]的评价。PSNR 是一种广泛运用于图像或视频评价的客观指标，该方法对比原始图像 S 和目的图像 D 的亮度部分 Y，该值越大，表示目标图像与原始图像差距越小，其计算方法如式（3-10）所示。

$$PSNR = 20 \lg \left(\frac{V_{\text{peak}}}{\sqrt{\dfrac{1}{N_{\text{cal}} N_{\text{row}}} \sum_{i=0}^{N_{\text{cal}}} \sum_{j=0}^{N_{\text{row}}} \left[Y_s\left(n,i,j\right) - Y_D\left(n,i,j\right) \right]^2}} \right) \text{dB} \qquad （3\text{-}10）$$

其中，$V_{\text{peak}} = 2^k - 1$，$2^k$ 是用几个位表示一个像素的值。相应的平均主观评分（Mean Opinion Score，MOS）[7]表示对视频图像的主观评价，与 PNSR 的转换规则为 1 分 Bad $\in [0,20)$，2 分 Poor $\in (20,25)$，3 分 Fair $\in [25,31)$，4 分 Good $\in [31,37)$，5 分 Excellent $\in [37,+\infty)$。实验结果见表 3-2。由表 3-2 可知，在网络状态良好（带宽未被完全利用，链路误码率为 10^{-8}）时，4 种协议都能达到较高的 PSNR，MOS 值为 5，但可靠性协议比不可靠性协议具有更高的视频传输性能，其中 APRT 协议的 PSNR 比 UDP 的高出 11.62%。由表 3-2 可知，在网络状态很差的情况（带宽较小，链路误码率为 10^{-5}）下，TCP 的 PSNR 为 0，这表示所传输的数据已经不能进行视频解码重建，基于 UDP 和 RTP 的视频质量分别为 Poor 和 Fair，而具有一定可靠性保证的 APRT 协议的 PSNR 仍能达到 32.89，保证了较好的视频传输质量。

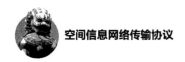
表 3-2　单条数据流场景下，不同协议在不同带宽及误码率下的视频质量

带宽	10 Mbit/s			
协议	链路误码率	PSNR	MOS	质量评价
APRT		41.525 381	5	Excellent
TCP		41.623 857	5	Excellent
RTP	10^{-8}	37.296 478	5	Excellent
UDP		37.202 516	5	Excellent
带宽	200 kbit/s			
协议	链路误码率	PSNR	MOS	质量评价
APRT		32.889 131	4	Good
TCP		0	1	Bad
RTP	10^{-5}	29.525 154	3	Fair
UDP		24.092 692	2	Poor

　　图 3-9、图 3-10 分别展示了不同网络状态下不同视频测试序列的各协议主观视频质量对比。图 3-9 显示了 3 种不同传输协议下的视频质量，对比源视频图像可以看出，APRT 协议和 TCP 的视频质量几乎和源视频图像一样清晰，而用 UDP 传输的视频质量略差，尤其是对于动态性较强的画面。图 3-10 中，由于在此网络状态下 TCP 传输的数据已无法进行视频解码重建工作，因此只显示了两种传输协议的视频质量，可以看到，基于 APRT 协议的视频质量明显优于基于 UDP 的视频质量。

　　为了评估播放缓冲器大小对 APRT 协议视频质量的影响，考虑带宽为 10 Mbit/s 时两种链路误码率的 PSNR，由图 3-11 可知，播放缓冲器越大，视频质量越高。当链路误码率为 10^{-6} 时，播放缓冲器大小小于 150，则视频质量最高只能达到 Fair，大于 150 时则视频质量最低为 Good；当链路误码率为 10^{-7} 时，播放缓冲器大小小于 110，则视频质量最高为 Poor，大于 240 时则视频质量最低为 Good，当播放缓冲器大小大于 350 时，继续增大播放缓冲器大小并不能提高过多的视频质量。

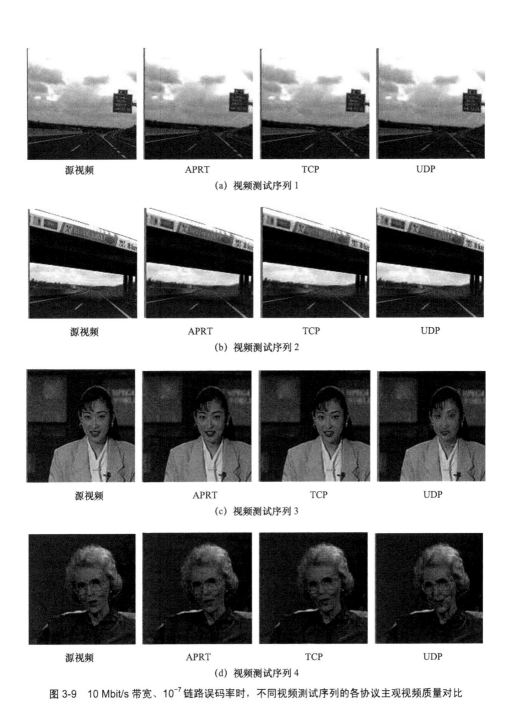

图 3-9 10 Mbit/s 带宽、10^{-7} 链路误码率时，不同视频测试序列的各协议主观视频质量对比

源视频　　　　　　　　　　APRT　　　　　　　　　　UDP

(a) 视频测试序列 1

源视频　　　　　　　　　　APRT　　　　　　　　　　UDP

(b) 视频测试序列 2

源视频　　　　　　　　　　APRT　　　　　　　　　　UDP

(c) 视频测试序列 3

源视频　　　　　　　　　　APRT　　　　　　　　　　UDP

(d) 视频测试序列 4

图 3-10　200 kbit/s 带宽、10^{-6} 链路误码率时，不同视频测试序列的各协议主观视频质量对比

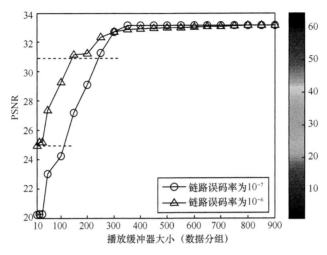

图 3-11　播放缓冲器大小对 APRT 协议视频质量的影响

3.4.3　并发数据流实验场景

最后，进行了两种网络场景下 3 条数据流共存的仿真实验，网络中同时存在一条背景流，背景流采用 Cubic TCP 协议。

图 3-12 显示了瓶颈链路带宽分别为 10 Mbit/s 和 200 kbit/s 时，不同链路误码率下各协议 3 条数据流的平均吞吐率对比，可以得出与单条数据流几乎相同的实验结果，即所有协议的平均吞吐率大致随着链路误码率的增加而减少。如图 3-12（a）所示，当瓶颈链路带宽为 10 Mbit/s、链路误码率为 4.5×10^{-6} 时，APRT 协议与 TCP、UDP 的平均吞吐率都在 560 kbit/s 左右。图 3-12（b）中不同于单条数据流场景，APRT 协议的平均吞吐率保持在 TCP 及 UDP 性能之间，当链路误码率为 10^{-5} 时，APRT 协议的平均吞吐率较 TCP 增长 27.71%。

往返时延及时延抖动的评价也类似于单条数据流场景的结果。图 3-13（a）表示场景 A 中链路误码率为 10^{-5} 时各协议往返时延变化曲线。由图 3-13（a）可以看出，APRT 协议数据分组往返时延基本上在[52.5, 55]内变化，TCP 稳定后数据分组往返时延基本上在[52, 65]内变化，RTP 和 UDP 数据分组往返时延基本上在[52.5, 60]内变化，结合图 3-14（a）中相应的时延抖动结果，可知 APRT 协议总体具有较小的往返时延，并能保持路由器中较小的排队时延。

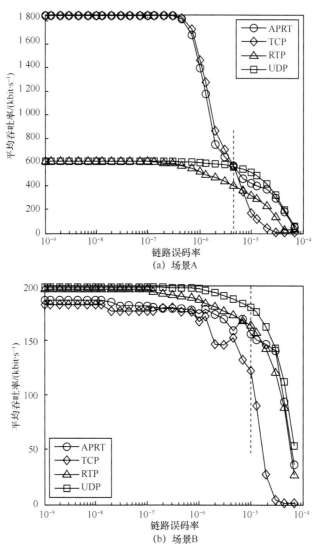

图 3-12　多条数据流共存时，各协议在不同链路误码率下的平均吞吐率对比

　　图 3-13（b）表示场景 B 中链路误码率为 10^{-5} 时，各协议随时间变化的时延变化曲线。由图 3-13（b）可以看出，当网络数据流增加后，较网络中仅有单条数据流时，往返时延从 150 ms 增加到 400 ms，其中 APRT 协议总体往返时延最小，如图 3-14（b）所示，但与 TCP 一样同样存在较大的时延抖动，时延抖动大致在[0.05,0.4]内变化。

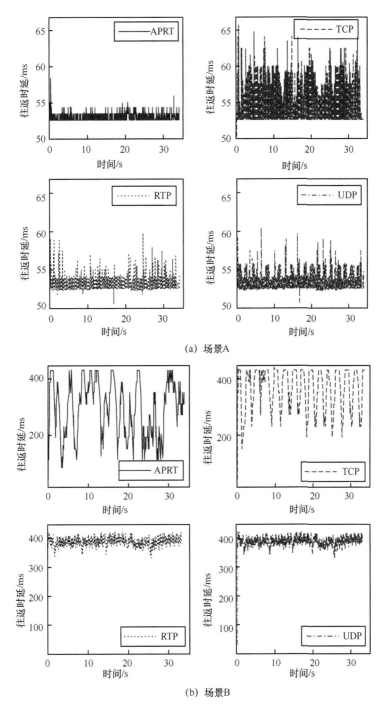

(a) 场景A

(b) 场景B

图 3-13 多条数据流共存时,各协议往返时延变化对比

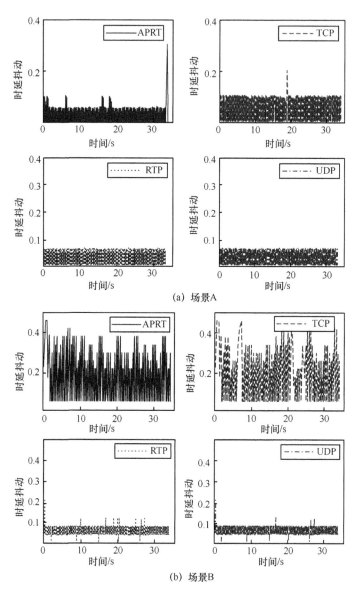

图 3-14　多条数据流共存时，各协议时延抖动变化对比

　　表 3-3 展示了多条数据流共存时，各协议在不同网络状态下的数据分组丢失情况。总体可以看出，在多条数据流共存时，各协议都具有较高的分组丢失率，尤其是在带宽为 200 kbit/s 时，RTP 和 UDP 的分组丢失率都超过了 0.88，而 APRT 协议在 10^{-7} 和 10^{-5} 链路误码率时，分组丢失率较 UDP 分别减小了 77.69% 和 66.38%。

表 3-3　多条数据流共存时，各协议在不同带宽及误码率下的数据分组丢失情况

带宽	10 Mbit/s		
协议	链路误码率	分组丢失率	丢帧总数
APRT	10^{-7}	0.017 3	48
	10^{-5}	0.147 5	71
TCP	10^{-7}	0.015 8	41
	10^{-5}	0.219 8	87
RTP	10^{-7}	0.067 2	54
	10^{-5}	0.134 0	69
UDP	10^{-7}	0.067 7	55
	10^{-5}	0.109 3	74
带宽	200 kbit/s		
协议	链路误码率	分组丢失率	丢帧总数
APRT	10^{-7}	0.198 2	54
	10^{-5}	0.298 1	64
TCP	10^{-7}	0.206 8	55
	10^{-5}	0.330 1	69
RTP	10^{-7}	0.888 5	6 814
	10^{-5}	0.888 5	6 791
UDP	10^{-7}	0.888 5	6 814
	10^{-5}	0.886 7	6 800

由表 3-4 可知，在网络状态较好时，多条数据流共存时 4 种协议都能达到较高的 PSNR，同时 MOS 值为 4，各协议的 PSNR 差异不显著。但当网络状态变差时，APRT 协议性能明显高于其他 3 个协议，PSNR 仍能达到 30.65，保证了较好的视频传输质量。

表 3-4　多条数据流共存时，各协议在不同带宽及误码率下的视频质量

带宽	10 Mbit/s		
协议	链路误码率	PSNR	MOS	质量评价
APRT		33.032 264	4	Good
TCP	10^{-8}	33.146 254	4	Good
RTP		32.484 776	4	Good
UDP		32.440 097	4	Good

（续表）

带宽		200 kbit/s		
协议	链路误码率	PSNR	MOS	质量评价
APRT	10^{-6}	30.652 149	3	Fair
TCP		0	1	Bad
RTP		27.088 844	3	Fair
UDP		22.441 292	2	Poor

  图 3-15、图 3-16 分别展示了多条数据流共存、链路误码率为 10^{-7} 和 10^{-6} 时不同视频测试序列的各协议主观视频质量对比。从图 3-15 可以看出，APRT 协议和 TCP 的视频质量几乎与源视频图像一样清晰，而用 UDP 传输的视频质量略差，尤其对于动态性较强的画面。在图 3-16 中，由于在此网络状态下 TCP 传输的数据已无法进行视频解码重建工作，因此只显示了两种传输协议的视频质量，可以看到，基于 APRT 协议的视频质量明显优于基于 UDP 的视频质量，由于序列 1 图像相对静止，因此明显优于序列 2 的传输，在序列 2 的传输中，UDP 的视频播放存在严重的卡顿现象。

源视频   APRT   TCP   UDP

(a) 视频测试序列 1

源视频   APRT   TCP   UDP

(b) 视频测试序列 2

图 3-15 10 Mbit/s 带宽、10^{-7} 链路误码率时，不同视频测试序列的各协议主观视频质量对比

源视频　　　　　　　　　　　APRT　　　　　　　　　　　UDP

(a) 视频测试序列 1

源视频　　　　　　　　　　　APRT　　　　　　　　　　　UDP

(b) 视频测试序列 2

图 3-16　200 kbit/s 带宽、10^{-6} 链路误码率时，不同视频测试序列的各协议主观视频质量对比

| 3.5　小结 |

　　本章针对卫星网络下视频应用传输中经历的高带宽时延积、高链路误码率现象，通过研究如何保证时延敏感视频业务的 QoS 需求，提出了一种增强视频传输质量的 APRT 协议。该协议通过利用 HMM 建立网络底层状况与协议重传控制间关系，从而能在视频应用质量与数据分组实时性之间权衡重要性。实验表明，APRT 协议能在卫星网络中自适应地增强视频播放质量，对卫星网络视频传输具有重要意义。

| 参考文献 |

[1]　INDEX C V N. Cisco visual networking index: global mobile data traffic forecast update[R]. 2015.

[2]　PIMENTEL-NIÑO M A, SAXENA P, VAZQUEZ C M A. QoE driven adaptive video with

overlapping network coding for best effort erasure satellite links[C]//The 31st AIAA International Communications Satellite Systems Conference. Reston: AIAA, 2013: 5668.

[3] SOMMER R, VALLENTIN M, DE CARLI L, et al. HILTI: an abstract execution environment for deep, stateful network traffic analysis[C]//The 2014 Conference on Internet Measurement Conference. New York: ACM Press, 2014: 461-474.

[4] MARPE D, WIEGAND T, SULLIVAN G J. The H.264/MPEG4 advanced video coding standard and its applications[J]. IEEE Communications Magazine, 2006, 44(8): 134-143.

[5] RABINER L R. A tutorial on hidden Markov models and selected applications in speech recognition[J]. Proceedings of the IEEE, 1989, 77(2): 257-286.

[6] ZHU W, YANG K H, BEACKEN M J. CIF-to-QCIF video bitstream down-conversion in the DCT domain[J]. Bell Labs Technical Journal, 1998, 3(3): 21-29.

[7] ALMOHAMMAD A, GHINEA G. Stego image quality and the reliability of PSNR[C]// 2010 2nd International Conference on Image Processing Theory Tools and Applications. Piscataway: IEEE Press, 2010: 215-220.

第 4 章

基于学习型效用模型和
在线学习框架的可靠传输协议

本章主要讨论卫星网络中的高速数据传输业务。TCP 及现有的 TCP 变体版本等"手工设计"协议以及通过学习网络可学习的参数来探索网络窗口调整机制的"机器生成"协议，用于卫星网络高速数据传输时存在诸多缺陷。因此，如何为卫星网络等高带宽时延积网络设计高效的在线学习传输协议具有重要的研究价值。

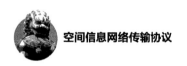

|4.1 引言 |

第 3 章阐述的是 QoS 类时延敏感非可靠传输协议的改进,本章针对空间信息网络时延敏感的高速可靠传输做出改进。本章研究卫星网络下的高速数据传输协议。卫星信道特有的长链路、高误码率特点使传统高速数据传输方案的迭代增长型拥塞控制机制在空间信息网络中存在诸多缺陷。本章提出一种基于学习型效用模型的快速可靠传输方法。

TCP 及现有的 TCP 变体版本都统称为"手工设计"协议。"手工设计"协议的窗口调整算法可归纳为式(4-1)、式(4-2)。

每经历一个 RTT

$$w_{t+1} \leftarrow w_t + \frac{f(x)}{w_t} \tag{4-1}$$

对于分组丢失事件

$$w_{t+1} \leftarrow (1 - g(x))w_t \tag{4-2}$$

其中, w_t 表示 t 时刻的拥塞控制窗口大小, $f(x)$ 表示每接收一个 ACK 后发送端窗口的增加量, $g(x)$ 表示当分组丢失事件发生后窗口的乘性减少量, x 表示隐式拥塞反馈因子，各种协议通过选择不同的拥塞反馈因子设计不同的 $f(x)$ 、 $g(x)$ 窗口控制方法。

然而，"手工设计"协议仍然存在诸多不足。首先，基于精确网络探测机制的方案被证明易受波动的 RTT 和多种背景流业务的影响，因此，在卫星网络中，精确网络探测机制难以准确估计互联网状态；此外，在长时延的卫星网络中，具有不同 RTT 的 TCP 数据流之间的 RTT 不公平性被放大，因此，共存在同一网络中的 TCP 数据流吞吐率达到收敛状态后不具有公平性或者无法达到稳定公平的状态；最后，由于卫星网络具有高链路误码率，大量的分组丢失或超时事件会造成 TCP 数据流的带宽占用率低，同时，路由器中的队列稳定性差。综上所述，基于"手工设计"的协议在卫星网络应用时存在无法精准探测网络、协议内公平性差以及稳定性差等问题。

另一类协议通过学习网络可学习的参数来探索网络窗口的调整机制，这类协议被称为"机器生成"协议，如 Remy、Verus[1]，然而，现有的"机器生成"协议存在以下问题。首先，为了使协议的目标函数（拥塞窗口）的期望值最大化，拥塞控制算法（例如 Remy）利用不同的网络历史数据进行离线训练，该方法限制了算法的实现过程和协议的易用性和通用性；其次，另一些在线学习协议（如 Verus）只使用简单的网络参数进行学习，不能反映高带宽时延积网络的特点。

针对日趋异构化的卫星网络环境无法高效利用链路带宽这一问题，本章提出了一种卫星网络下的端到端可靠传输协议 Hita。Hita 利用学习算法的框架，选取合适的反映网络特征的参数，寻找最能反映卫星网络特征的窗口模型。该协议基于应用层开发，传输层采用 UDP，在应用层实现窗口控制以及数据可靠性保证。该方案较 TCP 更易于实现，能快速进行窗口收敛，同时能实现不同应用的自定义选择。大量仿真及真实场景测试结果表明，Hita 协议在高带宽时延积网络、卫星网络上具有更高的吞吐率，同时保持了数据分组的低往返时延，具有较好的协议内公平性、协议间友好性以及协议稳定性。

| 4.2　网络学习算法概述 |

拥塞控制被视为在不确定性网络下的一个分布式决策过程的问题，任意一个有待发送数据的端系统每时每刻都要决定何时发送分组。而网络链路中的行为是不确

定的，卫星网络具有节点高移动性、带宽时延积高、时延变化不稳定等特性，因此，基于上一次或几次网络状态采样估计不能有效地反映网络状态。本章基于短期时间粒度进行网络模型探索，该模型应能反映网络状态和发送数据量之间的关系，通过在线学习方法建模并更新模型参数，最终达到对拥塞控制的分布式决策。

然而，在实际网络中，端系统只能通过发送或收到的数据分组隐式信息观测网络状态，即端系统无法直接掌握网络状态。这些隐式信息包括：收到数据分组后获得的数据分组经历的时延信息（即基于时延的参数）和检测到没有收到数据的信息（即基于分组丢失的参数），Hita 协议综合这两类参数，进行数据发送的分布式决策。

4.2.1　学习算法框架概述

首先，概述 Hita 协议学习算法框架的各关键性组件，其框架如图 4-1 所示，算法基于在线学习自动生成窗口控制函数的推导算法，通过利用估计网络性能的指标和历史的发送窗口大小估计拥塞窗口，该模型基于短期时间粒度的在线学习过程，能很好地与协议的其他过程合为一体。算法通过端到端的手段对网络特性变化进行定量评估，基于端到端的方法能保证数据在任一类型异构网络上传递。最后，动态生成合适的反映网络行为的窗口控制目标函数。

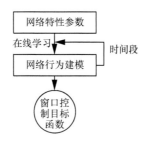

图 4-1　Hita 协议学习算法框架

4.2.2　网络状态学习步骤

（1）算法输入：网络性能参数

受限于无法获得完整的网络底层信息，设计拥塞控制方案的难点和重点是选择恰当的网络估计参数，Hita 协议基于 Knee-Cliff 网络变化行为构建学习模型[2]。当网络负载较小时，数据吞吐量变化通常与负载变化保持一致，随着网络负载的增加，数据吞吐量也有可观程度的增加，达到最大的吞吐量增长率，此时网络为 Knee 点；当网络负载达到链路容量后，数据吞吐量不再增长，此点为 Cliff 点；若网络负载进一步增加，瓶颈链路开始产生排队现象，导致部分分组被丢弃，吞吐量会骤然下降，此时网络被认为是极度拥塞的情况。RTT 变化遵循类似的理论模式，当网络负载较小，进一步增加负载会导致 RTT 的少量增加；当队列开始形成后，进一步增加网络负载将导致 RTT 的增长率加速；当队列发生溢出时，RTT 急剧上升。Knee 点表示此点前吞吐量增长率较大，RTT 增长率较小，此点之后吞吐量增长率较小，RTT 增加率变大；当吞吐量增量为 0 时，此处用 Cliff 点表示，即此点之后吞吐量迅速回退。因此，网络中存在某处，在吞吐量尽可能较大的同时拥有尽可能较小的往返时延，即 Knee 点。网络的效用模型如图 4-2 所示。

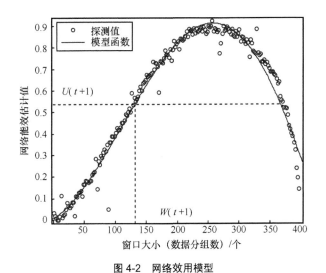

图 4-2　网络效用模型

对于一个有 m 个服务对象的系统，文献[3]中已经探讨了网络效用的概念，响应时间、吞吐量、网络效率和分组丢失等术语被定义，传输的最大效率值点定义为瓶颈链路资源充分利用时，即定义瓶颈链路的效率为整个系统的效率，其 Knee 点即整个系统效用的最大点，用式（4-3）表示。

$$网络效用 = \frac{系统效率（1 - 分组丢失率）}{实际反应时间/最小时延} \qquad (4\text{-}3)$$

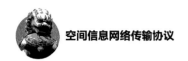

从端系统节点的角度来看，网络被视为随机生成过程的一部分，网络的关键参数以及节点的多少存在很多不确定性，例如，"云"中的虚拟专用网络链路速率存在不确定性，无线网络信道和卫星网络信道中可能经历大范围变化的传输速率和RTT。作为不同网络中的不同用户，端系统需要进行通用性和性能之间的权衡，并为用户及其应用选择适当速率，如具有低往返时延及高吞吐量，通常从3个维度参数化网络。

$$C_{\text{obf}} : \{U_i, G_i, E_i\} \tag{4-4}$$

其中，C_{obf} 表示输入参数的集合，U_i 表示网络效用信息，G_i 表示窗口调整方向信号，E_i 表示分组丢失事件，i 表示时段数量。

（2）算法输出：目标窗口函数

学习框架的输出为最佳窗口估值 $W(t+1)$，对于每一个端系统，最佳窗口估值能被公式化为学习问题。每个数据分组 p 作为发送窗口的一部分进行发送，即一个时段内的分组都是窗口的一部分，Hita 协议追踪每一个发送数据分组的 w_i，并且在接收到相应分组 p 的 ACK 时，发送端获得对应的 C_{obf} 和 w_i，并用该数据点更新学习模型，该问题可用式（4-5）表示。

$$W(t+1) = f(h(t) + \gamma(t)) \tag{4-5}$$

其中，$W(t+1)$ 是时段 t 内的拥塞控制窗口大小，$f(*)$ 表示拥塞窗口变化函数，$h(t)$ 是网络特征 C_{obf} 和 $\gamma(t)$ 的估计函数，$\gamma(t)$ 表示网络状态的变化。

（3）非线性回归算法

Hita 协议利用机器学习算法中的非线性回归（Nonlinear Regression，NLR）算法[4]进行网络状态学习。NLR 算法是一种轻量级通过非线性方法结合模型参数的算法，由一个或多个变量确定，数据通过逐次近似的方法拟合。

Hita 协议利用 NLR 算法拟合短期时间粒度上的样本点，每当在同一时段内收到新的数据分组有效信息时，即重复拟合过程，该时间粒度一般为数个预置的 RTT 周期，此时间粒度不能过小，时间粒度过小无法体现网络性能特征，使协议性能易受数据噪声影响，也无法让训练性能达到稳定；但时间粒度也不能设置太大，因为当链路或网络发生较大改变时，学习时间粒度过大的数据信息会导致模型无法反映实时网络下的状态，同时增加算法的复杂度。

| 4.3　协议算法流程 |

本节先介绍网络状态建模方法，再介绍如何利用网络模型在线地对任意网络进行最终的拥塞控制。拥塞因子表示瓶颈链路的拥塞程度和带宽占用级别，由于发送端节点不能观察到其他用户共享瓶颈链路时传输的业务情况，所以 Hita 协议用基于端到端的方案探测历史 ACK 来估计拥塞因子。然后，利用第 4.2.1 节中定义的学习算法框架形式化地表述网络状态。为了更方便地对窗口进行控制，Hita 协议采用 UDP 作为传输层协议，在应用层实现窗口控制策略，从而使协议可以基于应用进行定制，同时易于部署，协议具体实现描述如下。

4.3.1　网络参数更新

实际上，对于任何给定的网络，存在能最大化整个网络效用期望值的优化拥塞控制方案。这样的算法将接收的历史数据（例如，每个 ACK 中的时延信息）与已发送的数据分组的最佳信息建立关联，从而决定每一时刻是否发送数据。其中如何建立历史数据与发送窗口之间的关系成为此类算法的难点。为了记录历史数据观察值，Hita 协议跟踪以下网络特性变量，当接收到新的 ACK 时进行变量更新。

（1）链路带宽信息 L_i

该变量从 ACK 中的时延信息获得，而非采用过于复杂的测量方式，发送端通过测量某条 TCP 链路的 ACK 平均返回速率来估计端到端的链路带宽，即通过式（4-6）测量 i 时段的链路带宽。

$$L_i = \frac{m_i}{t_i - t_{i-1}} \tag{4-6}$$

式（4-6）表示 TCP 接收端在时间 $t_i - t_{i-1}$ 内收到的相应的数据量 m_i。

（2）往返时间 $D_{p,i}$

RTT 是每个 ACK 中能反映网络拥塞情况的细粒度测量方法，RTT 是量化网络最直接的数据，即由网络排队造成的端到端时延值，因此具有重要的意义。当前时

间（即 ACK 接收时间）减去数据分组发送时间，得出数据分组的往返时延 $D_{p,i}$，第 i 时段内收到的所有分组的往返时延都存储在向量 $\boldsymbol{D}_i$ 中。为了记录短期时间内所有链路的历史信息，使用指数加权移动平均（Exponential Weighted Moving Average，EWMA）来平滑这个时段内的往返时延，其计算式如式（4-7）所示。

$$D_{\varepsilon,i} = \alpha D_{\varepsilon,i-1} + t(1 - \alpha\boldsymbol{D}_i) \tag{4-7}$$

链路的传播时延计算式为

$$D_{\text{base}} = \min(\boldsymbol{D}_i) \tag{4-8}$$

其中，$D_{\varepsilon,i}$ 表示在 i 时段内的分组平滑内往返时延。

（3）网络效用信息 U_i

网络效用被定义为吞吐量和时延的比率，如式（4-9）所示。

$$U_i = \frac{(L_i)^\lambda}{\dfrac{\boldsymbol{D}_i}{D_{\text{base}}}} \tag{4-9}$$

其中，λ 是系统设计者选择的时延或吞吐量侧重参数。如第 4.2.2 节所示，在最大效用值点，一般来说时延变化的相对增加是吞吐量相对变化的一倍，即当 $\lambda=1$ 时，时延变化的百分比等于吞吐量变化的百分比。在 Knee 点前，时延变化率小于吞吐量变化率，在 Knee 点后，时延变化率大于吞吐量变化率。

4.3.2　网络状态建模算法

Hita 协议的核心是如何将记录的参数合理地映射到目标函数上，在实际操作中，利用 NLR 模型建模，由接收的 ACK 来触发序列拟合机制。每当 Hita 接收端收到新的 ACK 时，即更新其历史数据存储器，然后进行相应的目标函数建模，整个网络模型由式（4-10）表示。

$$W(t+1) = \phi F(t) + \varphi E(t) \tag{4-10}$$

其中，$(\phi,\varphi)=(1,0)$ 表示当没有分组丢失事件发生时处理 ACK 的过程，$F(t)$ 表示基于时延的目标函数，$(\phi,\varphi)=(0,1)$ 表示当分组丢失事件发生时处理 ACK 的过程，$E(t)$ 定义乘性减函数。

将该网络模型计算式重新整理为

$$W(t+1) = \begin{cases} F(t) = f(U_i) + h(t), (\phi, \varphi) = (1, 0) \\ G(t) = e(t)W(t), (\phi, \varphi) = (0, 1) \end{cases} \quad (4\text{-}11)$$

其中，参数 λ 对目标函数具有重要的意义，即吞吐量相对增量与时延相对增量的比率，网络特性的重点可以概括为网络效用曲线的构建，参数 λ 的影响将在第 4.3.4 节中讨论。

4.3.3 拥塞窗口确定

经过网络状态建模阶段，Hita 要利用 U_i 因子作为帮助用户识别窗口更新方向的决策参数，图 4-3 显示了 Hita 协议的拥塞窗口与时间之间的关系范例，发送窗口 w_i 被分为具有固定长度 ℓ 的 ψ 个时隙，通过这些时隙使 Hita 数据流能快速响应链路信道的变化，下一时段的发送窗口估计 w_{i+1} 是基于网络估计的平均 RTT 值。

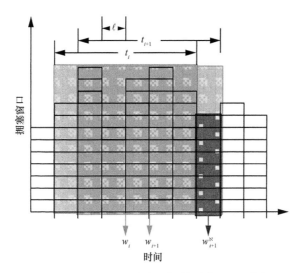

图 4-3　Hita 协议的拥塞窗口与时间之间的关系范例

为了实现对窗口调整方向的最佳判断，重新定义了归一化时延梯度（Normalized Delay Gradient，NDG）[5]，如式（4-12）所示。

$$G_i \leftarrow \left(\frac{D_{\varepsilon,i} - D_{\varepsilon,i-1}}{D_{\varepsilon,i} + D_{\varepsilon,i-1}} \right) \left(\frac{w_i + w_{i-1}}{w_i - w_{i-1}} \right) \quad (4\text{-}12)$$

由式（4-12）可以看出，当网络负载低时，G_i 低；当网络负载高时，G_i 高。即当 G_i 为负值时，表示网络拥塞状况正在改善，因此更多的数据可以被发送到网络上。如果 G_i 是正值显示，则表明网络信道条件可能正在经历拥塞或负面的变化，因此 Hita 协议应该降低数据速率。随后，参数 G_i 被传递到下一个时段的窗口大小的确定阶段，以决定窗口变化趋势是增加还是减小。

下一时段内的网络效用估计计算式如式（4-13）所示。

$$U_{i+1}^* = \begin{cases} U_i^* - \chi_1, & \dfrac{D_{\max,i}}{D_{\min}} > R \text{ 或 } G_i > 0 \\ U_i^* + \chi_2, & \text{其他} \end{cases} \qquad (4\text{-}13)$$

其中，U_{i+1}^* 是下一时段的最优网络效用估计值，χ_1 和 χ_2 是递增参数和递减参数，R 是时延 $D_{\max,i}$ 和 $D_{\min}$ 之间的最大链路容忍度。

Hita 协议利用 NLR 算法估计下一时段窗口大小，其算法如算法 4-1 所示。

算法 4-1　拥塞窗口估计算法
1: 输入：w_i，$\Gamma_{\max}$，U_{i+1}^* 和 NLR 算法的目标函数 RegressionFunction(x, y)，其中 x 是目标函数，y 是窗口大小；
2: 输出：w_{i+1}；
3: **for** $n = 2; n \leqslant \Gamma; n++$　**do**
4: 　**if** 没有 RegressionFunction(x, y)　and　$w_{\text{list}}[n] > U_{i+1}^*$
5: **then**
6: 　　　更新 $w_{i+1} = n-1$；
7: 　**else if**
8: 　　　RegressionFunction$(\text{Objective function}, w) = U_{i+1}^*$；
9: 　　**then**
10: 　　　目标函数的解为 $w_1^*, \cdots, w_n^*$；
11: 　　　更新 $w_{i+1} = \min\{w_1^*, \cdots, w_n^*\}$；
12: 　**end**
13: **end**

在时段开始时，Hita 计算在此时段内发送的数据分组数量和要在此时段的最后

一个时隙内发送的数据量，下一个时隙内要发送的数据量计算式如式（4-14）所示。

$$w_{i+1}^{\aleph} = \max\left\{0, \left(w_{i+1} - \frac{\psi - 2}{\psi - 1}w_i\right)\right\} \qquad (4\text{-}14)$$

其中，$\psi = \left\lceil \dfrac{D_{\text{ave}}}{\ell} \right\rceil$ 和平均往返时延 D_{ave} 都存在于向量 $\boldsymbol{D}_i$ 中，ℓ 为时间长度为 ℓ 的时隙。

　　如果 Hita 协议的拥塞控制方法功能像理论叙述一样性能良好，则将很少会发生网络拥塞而造成的数据分组丢失，因为其目标函数将防止路由器中形成较大的排队情况。但是，由于膨胀路由器缓冲区队列将降低数据流的稳定性，Hita 协议仍然将分组的 3 个重复的 ACK 视为分组丢失事件，该事件与超时事件仍然被认为是网络拥塞状态的重要信号，Hita 协议的超时机制类似于 TCP，超时则判断分组丢失。因此，这类事件发生后，Hita 协议采用式（4-15）进行窗口调整。

$$G(t) = e(t)W(t) \qquad (4\text{-}15)$$

其中，当 $(\phi, \phi) = (0,1)$ 时，由于 Hita 协议目标函数会自动控制窗口变化的趋势，因此乘性减因子 $e(t)$ 可以大于基于 TCP 的使用量，本研究将分组丢失事件下的 $e(t)$ 设置为 0.7。

　　在分组丢失恢复阶段，每当接收到 ACK 反馈时，发送窗口增加（类似于 TCP 策略），一旦接收到正确的分组丢失 ACK，Hita 则退出分组丢失恢复阶段，即如果协议接收到数据分组丢失的 ACK，则拥塞窗口控制函数即转到上次学习的网络状态模型，并计算当前的对应窗口大小。

　　图 4-4 概括总结了 Hita 协议从开始到发送数据结束的整个窗口控制算法流程。左侧的虚线框表示没有分组丢失事件发生时的拥塞窗口决定过程，右侧的虚线框表示分组丢失事件后的拥塞窗口调整机制。

4.3.4　参数讨论

　　Hita 协议利用了各种参数，这些参数值的选择影响协议性能或整体协议行为的实质性变化，这些参数变化的影响主要反映在吞吐量和分组时延的变化上，即不同的网络效用体现。在对参数的敏感性分析中，需要确定参数设置对协议的具体影响，并了解参数与网络场景间的关系。

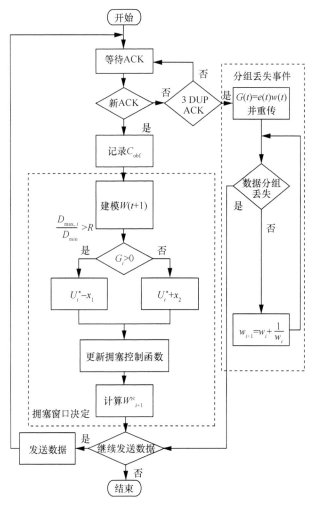

图 4-4　Hita 协议整个窗口控制算法流程

　　尽管所有的协议都希望达到最高的带宽利用率，但由第 4.2.2 节可以看出，高链路吞吐量与低链路时延是相互冲突的，此时最大化网络的效用是权衡吞吐量和时延最好的方式。为了不侧重吞吐量或时延的某一方面，选择 $\lambda = 1$ 从理论上是最优的，即网络资源利用率达到了 Knee 点。利用最大化网络效用进行实验验证，图 4-5 展示了不同 λ 值下不同协议性能测量值与链路利用率之间的关系，并用拟合函数进行了曲线变化拟合。与理论分析结果一致，$\lambda = 1$ 为协议性能最佳的参数设置，该值能得到最佳的数据流吞吐量和响应时间。

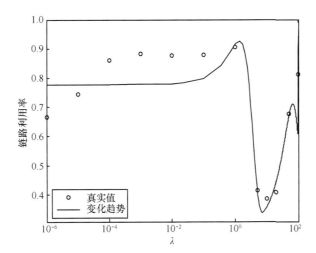

图 4-5　不同 λ 值下的不同协议性能测量值与链路利用率之间的关系

参数 χ 表示协议窗口在每个时段中对网络效用变化做出的调整，χ_1 代表退避性，χ_2 代表激进性，也表示网络效用的变化，两者值越大，对协议的影响越明显，显然，网络效率变化范围不应该太大或太小，其中 $\chi_1 < \chi_2$。除了使 Hita 协议的吞吐量、时延性能更好外，这两个参数还决定 Hita 协议在与其他协议竞争时多余数据之间数据流的公平性与友好性。经过仿真实验得到，本研究中 χ_1 和 χ_2 的值分别设置为 0.1 和 0.2。

|4.4　协议性能评价|

本节将基于 NS2 仿真器、软硬件卫星仿真平台及真实世界网络平台进行大量实验评价，与其他基于 TCP 或是 UDP 的各种协议进行对比，验证 Hita 协议的性能。

4.4.1　仿真评价

1. 仿真场景设置

首先，通过仿真实验评估 Hita 协议，并将其性能与其他可靠传输协议进行对比，对比协议包括基于 TCP 的协议和基于 UDP 的可靠传输协议。基于 TCP 的对比协议

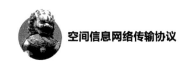

包括 Cubic TCP（基于分组丢失信号的协议）、FastTCP（基于时延信号的协议）以及用于高速网络的一些其他变体协议（如 TCP Westwood、TCP Libra、STCP、TCP Illinois 和 YeAH-TCP）。基于 UDP 的对比协议包括 Verus、QUIC 和 UDT，以上高速协议都是近几年提出的旨在实现高吞吐量的协议，所有对比协议在仿真实验中都采用原始论文的中的默认参数值设置。

图 4-6 所示为单个瓶颈链路的仿真拓扑结构，考虑由两个或多个用户共享单个瓶颈链路的哑铃网络拓扑结构，网络瓶颈链路的默认缓冲区大小为 1 BDP。路由器配备了用于排队的先进先出（First Input First Output，FIFO）服务规则，数据分组的大小为 1 000 B，默认 RTT 为 100 ms，默认以瓶颈带宽为 466.56 Mbit/s 表示高速网络链路，每个仿真场景的模拟时间为 300 s。实验对 Hita 协议及对比协议进行了基于效率、协议内公平性和协议间友好性等方面的评估。

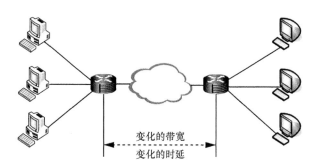

图 4-6　单个瓶颈链路仿真拓扑结构

2. 单条数据流性能评价

为了研究不同瓶颈带宽对协议的影响，仿真实验通过其他参数保持默认值不变，不断变化瓶颈带宽值（100 Mbit/s～1.244 Gbit/s）进行协议评估。如图 4-7 所示，Hita 协议可以在不同的瓶颈带宽下获得比其他所有基于 TCP 和基于 UDP 的协议更好的性能，这是因为，与基于 TCP 的协议不同，Hita 协议记录历史分组信息和网络效用度量作为学习模型的参数，这样可以在没有对网络进行精确测量的情况下反映网络性能，从而大大减少对网络性能的误判，并能快速确定窗口大小进行拥塞控制。此外，与基于 UDP 的可靠传输协议不同，Hita 协议通过在线学习方法实时地学习反映网络效用利用情况，自发地形成控制函数，因此，Hita 协议能逼近最大化链路利用率。

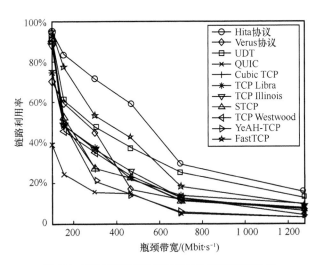

图 4-7　不同瓶颈带宽下不同协议的链路利用率对比

接下来研究当瓶颈误码率在 $10^{-9} \sim 10^{-5}$ 内变化时，不同协议的性能评价。如图 4-8 所示，所有协议的性能随瓶颈误码率增加而降低，而 Hita 协议受不同瓶颈误码率的影响较小，其中，TCP 的各类变体协议总体受随机分组丢失的影响较大，同时性能总体处于较低状态。这是因为大量随机分组丢失导致 TCP 进入乘性减的策略，从而性能降低。而 Hita 协议记录较短时间内的历史数据，以避免突发的随机分组丢失，同时具有自适应的快速拥塞恢复机制，因此，Hita 协议性能远高于 TCP 各种变体协议。

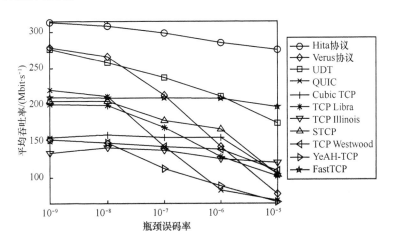

图 4-8　不同瓶颈误码率下不同协议的平均吞吐率对比

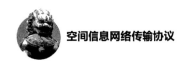

为评价不同瓶颈时延对 Hita 协议的影响，实验基于瓶颈时延为 50～500 ms 进行测试，瓶颈带宽设置为 300 Mbit/s。从图 4-9 中可以看出，Hita 协议的性能最优，当瓶颈时延为 500 ms 时，Hita 协议的性能是 Cubic TCP 的 10 倍多。从图 4-9 中可以看出，基于 TCP 的可靠传输协议在链路时延低时性能差于基于 UDP 的可靠传输协议，而随着瓶颈时延增加，TCP 性能再次降低，最终的发送量很少；Hita 协议和 Verus 协议由于是基于时延的控制协议，因此不太受时延变化影响，甚至当时延增加时，吞吐量变大，说明 Hita 协议能较好地适应于长时延网络。

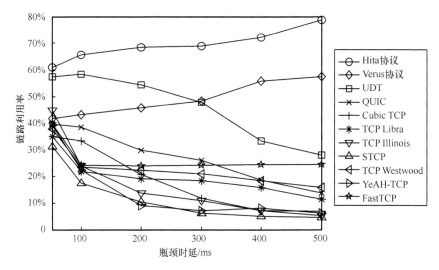

图 4-9 不同瓶颈时延下不同协议链路利用率对比

图 4-10 与图 4-9 中的仿真实验内容相同，图 4-10 所示为不同瓶颈时延下不同协议的链路利用率与排队时延的关系，横坐标为排队时延，图中的点越靠近"左上方"协议性能越好，同时用实线将 Hita 协议的点连接起来，从而能更清楚地看到 Hita 协议明显比其他协议具有更好的性能。这是由于网络拥塞的发生会引起数据分组丢失，长时延将导致基于 TCP 的分组丢失恢复策略的性能下降，而 Hita 协议当分组丢失结束后是基于网络建模的自适应窗口恢复机制。综上所述，Hita 协议在长时延网络中既能较好地利用网络链路带宽，又能实现比其他协议更小的数据往返时延。

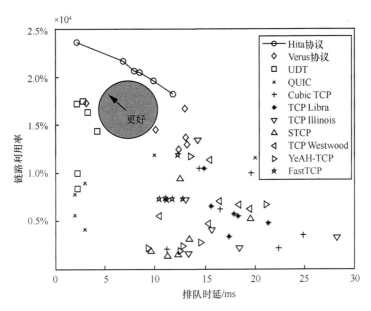

图 4-10　不同瓶颈时延下不同协议的链路利用率与排队时延的关系

3. 多条数据流共存时性能评价

对于异质网络，研究具有不同 RTT 比率的两条同步数据流共享瓶颈链路的情况，带宽为 466.56 Mbit/s，数据流的 RTT 取值可能为 50 ms、100 ms、150 ms 和 200 ms，从而达到不同的 RTT 比率，即 1、2、3 和 4，实验结果见表 4-1，效率指数（Efficiency Index, EI）表示并发数据流平均吞吐率与链路带宽占用率之和，公平性指数（Fairness Index, FI）表示不同 RTT 比率下的公平性性能。从表 4-1 可以看出，大部分协议的公平性性能显著受 RTT 比率的影响，具有较小 RTT 比率的数据流获得较好性能的 EI，与其他协议相比，Hita 协议能在保持较高吞吐量的同时具有较好的协议内公平性，当 RTT 比率为 4 时，Hita 协议仍然能保持较好的 EI，EI 与 FI 之和为 1.94，明显超过排在第二位的 UDT 的 1.67。

为了了解新进加入网络的数据流对已存在数据流带来的影响，进行 5 条数据流的仿真实验，实验中每 60 s 即有一条新的 Hita 数据流开始发送，随着时间的变化，瓶颈链路中共存的数据流的数量也发生改变如图 4-11 所示。从图 4-11 可以看出，随着网络中共存数据流数的不断增加，Hita 协议能使新旧数据流快速公平地共享瓶颈链路，并保持较好的稳定性。

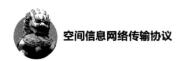

表 4-1　异质网络中 Hita 协议 EI 与 FI 结果

协议	RTT 比率为 1				RTT 比率为 2			
	T1	T2	EI	FI	T1	T2	EI	FI
TCP Reno	31.48	30.34	0.13	1.00	18.61	30.51	0.11	0.94
Cubic TCP	101.72	103.85	0.44	1.00	82.10	122.72	0.44	0.96
TCP Libra	149.63	169.95	0.69	1.00	106.26	186.83	0.63	0.93
TCP Illinois	70.33	72.42	0.31	1.00	18.62	68.31	0.19	0.75
STCP	193.83	258.05	0.97	0.98	30.05	419.85	0.96	0.57
TCP Westwood	268.62	191.57	0.99	0.97	29.25	367.47	0.85	0.58
YeAH-TCP	226.94	220.77	0.96	1.00	179.09	246.44	0.91	0.98
FastTCP	207.43	222.18	0.92	1.00	96.02	272.22	0.79	0.81
Verus 协议	197.19	163.14	0.77	0.99	88.97	213.55	0.65	0.86
UDT	253.85	169.34	0.91	0.96	119.87	298.90	0.90	0.85
Hita 协议	224.88	237.95	0.99	1.00	291.85	160.85	0.97	0.92
协议	RTT 比率为 3				RTT 比率为 4			
	T1	T2	EI	FI	T1	T2	EI	FI
TCP Reno	6.76	30.17	0.08	0.71	12.68	29.85	0.09	0.86
Cubic TCP	79.54	120.13	0.43	0.96	41.58	110.64	0.33	0.83
TCP Libra	94.85	171.56	0.57	0.92	81.87	165.59	0.53	0.90
TCP Illinois	11.20	69.08	0.17	0.66	25.93	64.59	0.19	0.85
STCP	0.50	445.16	0.96	0.50	0.35	441.87	0.95	0.50
TCP Westwood	12.74	373.63	0.83	0.53	7.71	374.48	0.82	0.52
YeAH-TCP	91.24	321.33	0.88	0.76	58.71	350.79	0.88	0.66
FastTCP	54.40	295.40	0.75	0.68	38.74	307.04	0.74	0.62
Verus 协议	52.65	213.21	0.57	0.73	44.91	193.44	0.51	0.72
UDT	82.48	357.05	0.94	0.72	98.35	310.76	0.88	0.79
Hita 协议	198.65	248.95	0.96	0.99	201.77	239.82	0.95	0.99

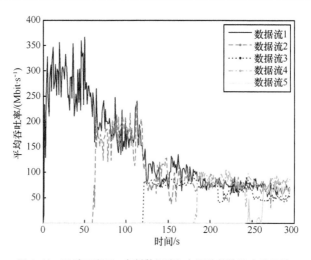

图 4-11　同质网络下，有新数据流加入网络的协议内公平性

为了研究 Hita 协议与其他 TCP 之间的友好性，仿真实验采用同质网络，同时将两个发送端设置为 TCP Reno，两个发送端设置为高速协议，高速协议包括 Hita 协议、UDT、FastTCP 和 STCP，瓶颈带宽设置为 300 Mbit/s。图 4-12 展示了具有不同瓶颈时延的协议间友好性对比，其中数据流 ID 为数字 1、数字 2 表示使用 TCP Reno，数据流 ID 为数字 3、数字 4 表示使用其他协议，纵轴为数据流的平均吞吐率。从图 4-12 可以看出，UDT 整体友好性较差，与 TCP Reno 无法公平共享带宽，从而使 TCP Reno 带宽占用始终较小；对于基于时延的 FastTCP 协议，总体上友好性较好，但当瓶颈时延增大后，整体带宽利用率较差；Hita 协议处于适中的地位，Hita 协议不同于 UDT 会抑制 TCP 数据流速率，在尽量不比其他协议抢占更多 Reno 数据流、更多带宽的情况下，最大化地利用了带宽资源。

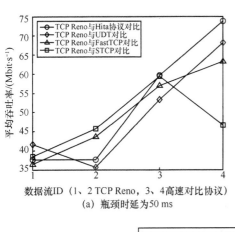

(a) 瓶颈时延为50 ms

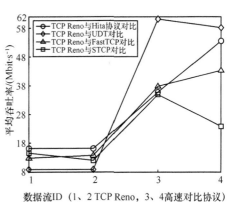

(b) 瓶颈时延为100 ms

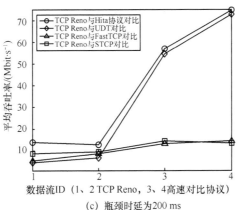

(c) 瓶颈时延为200 ms

图 4-12　不同协议之间的协议友好性

4.4.2　半实物仿真性能评价

1.场景设置

本实验通过仿真卫星网络下的场景评估 Hita 协议及其他高速网络协议性能,实验基于软件和硬件组合的仿真平台,利用图 4-13 所示的卫星网络拓扑结构测试平台进行仿真。地面链路(链路 1)和卫星星间链路(链路 2)的带宽容量为 100 Mbit/s,场景由一个发送端、一个接收端和一个卫星网络网关组成。

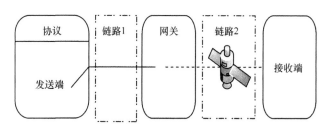

图 4-13　基于卫星网络的仿真拓扑结构

与基于 NS2 的仿真实验一样,对比协议采用基于 TCP 和基于 UDP 的可靠传输协议。所有的协议都部署在具有 2.0 GB 内存的 64 位端系统计算机上进行,端主机硬盘为 20 GB,具有一个英特尔酷睿 i5-32 102.5 GHz 的 CPU,所有主机都配备了 Ubuntu 14.04 LST 64 位的操作系统和 3.19.0-53-generic 内核版本。此外,由于 Hita 协议是一个轻量级的时间粒度(即 1 个 RTT)下的学习,该协议能很好地部署在具有 500 MB 内存的小容量主机上,实验中文件传输方式采用安全的拷贝协议(Secure Copy Protocol,SCP)服务。

2.半实物实验平台搭建

图 4-14 所示为卫星网络的仿真实验平台,该实验平台的核心硬件(链路 2)被称为无线信道模拟器,该信道模拟器基于现场可编程门阵列(Field-Programmable Gate Array,FPGA)的硬件技术[6]实现无线链路特性的仿真,软件控制器为仿真拓扑及参数控制器,用于设置卫星星座和星间链路(链路 2)的链路模型(例如,瓶颈误码率)等参数。卫星星座设置由 6 个轨道开普勒元素确定(即半长轴、偏心率、倾角、升交点赤经、近地点幅角和平均近点幅角)[7]。表 4-2 为不同传输节点类型下的卫星链路模型。

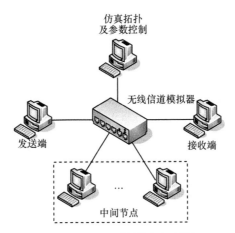

图 4-14　卫星网络的仿真实验平台

表 4-2　不同传输节点类型下的卫星链路模型

传输节点类型	LEO-LEO	GEO-GEO	LEO-GEO	LEO-GND	GEO-GND
工作频率	10	10	10	10	10
发射功率	20	20	20	20	20
发射天线增益	26	27	29	32	33
接收天线增益	54	54	54	54	54
接收机	18	18	18	18	18
信号带宽	24	24	24	24	24
误码率指定	−1	−1	—	—	—
上行误码率指定	—	—	−1	−1	−1
下行误码率指定	—	—	−1	−1	−1
信道编码	"Convolutional $K=7$ $r=1/2$"				
交织方式	"Matrix"	"Matrix"	"Matrix"	"Matrix"	"Random"
调制方式	"DBPSK"	"BPSK"	"BPSK"	"BPSK"	"BPSK"

　　为了评价在多种类型卫星场景下的协议性能，对 8 种不同的卫星星座拓扑结构的场景进行实验，节点类型包含低轨 Walker 星座 LEO 卫星、地球同步轨道（GEO）卫星和地球站（Earth Station，ES）。表 4-3 总结了所有实验拓扑结构，重点考查了不同卫星节点间传输距离、卫星间相对运动和相对静止以及引起的从 $10^{-8} \sim 10^{-5}$ 变化的链路误码率等对 Hita 协议的影响。不同的拓扑结构的具体场景描述如下。拓扑

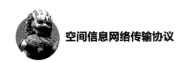

1 代表一个 LEO 卫星与一个 ES 间进行数据传输；拓扑 2、拓扑 3 和拓扑 4 分别表示在同轨道面中平均分布 8 颗、7 颗、6 颗卫星的 Walker 星座下两个相邻的 LEO 卫星间传送数据；拓扑 5 代表每个轨道面有 1 颗卫星的 6 轨道面上两个卫星进行数据传输；拓扑 6 和拓扑 7 表示不同星座位置的两组 GEO 节点间传输数据；拓扑 8 代表一个 GEO 卫星与一个 LEO 卫星间传输数据。所有的实验是在仿真真实卫星运动的条件下进行的。

表 4-3   卫星网络拓扑参数

节点类型	拓扑编号	端到端距离/km	平均 RTT/ms	链路误码率
ES-LEO	1	2 319.14	25	2.68×10^{-8}
LEO-LEO	2	5 984.51	38	4.71×10^{-7}
LEO-LEO	3	6 732.45	44	6.25×10^{-7}
LEO-LEO	4	7 819.14	52	8.26×10^{-7}
LEO-LEO	5	5 609.56	60	4.71×10^{-7}
GEO-GEO	6	15 165.73	100	3.87×10^{-6}
GEO-GEO	7	25 914.00	170	9.74×10^{-6}
LEO-GEO	8	35 100.82	250	1.85×10^{-5}

3. 半实物仿真实验结果

图 4-15 展示了不同卫星网络拓扑结构下的各协议平均吞吐率，可以得到 Hita 协议的性能优于其他基于 TCP 和基于 UDP 的协议。为了更清晰地看到 TCP 之间的性能对比，图 4-15 中的插图为拓扑 4 和 5 的实验结果放大显示，可以看到 STCP 是所有拓扑结构场景中性能最好的 TCP，Hita 协议的平均吞吐率为该区间中 STCP 的 3 倍多。Verus 协议和 UDT 平均吞吐率也均高于 STCP，但均低于 Hita 协议，同时，在某些拓扑场景下这两种协议性能远低于 Hita 协议，即不适用于某些卫星网络拓扑结构。

图 4-16 展示了不同卫星网络拓扑结构下的 4 种基于 UDP 的可靠传输协议的稳定性对比。协议的稳定性是一个重要的性能指标，该指标与路由器中排队情况和分组丢失情况有紧密关系，由式（4-16）定义。

$$\mathrm{SI}_n = \frac{1}{x_n} \sqrt{\frac{1}{m-1} \sum_{k=1}^{m} \left(x_n(k) - \overline{x_n} \right)^2}, \quad m > 1 \tag{4-16}$$

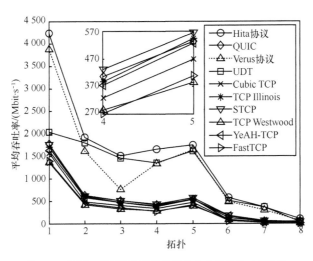

图 4-15　不同卫星网络拓扑结构下各协议平均吞吐率对比

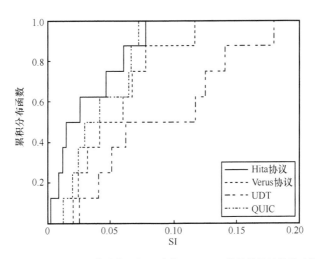

图 4-16　不同卫星网络拓扑结构下的 4 种基于 UDP 可靠传输协议的稳定性对比

图 4-16 纵坐标为不同卫星网络拓扑结构下各协议累积分布函数(Cumulative Distribution Function，CDF)。由该结果可以看出，Hita 协议与 QUIC 能获得较好的协议稳定性，而 UDT 因为其算法使用带宽估计机制，易受高卫星网络频繁的链路变化以及卫星运动引起的时延变化等诸多因素影响，其稳定性最差。

最后，评估了卫星网络不同拓扑结构下的各协议的协议内公平性指数，利用 FI[8]

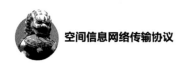
定量对协议公平性进行分析，实验在拓扑 4 场景中进行，两条数据流在同质网络下共享相同瓶颈链路路径。结果见表 4-4，可以看出，除了 UDT 外，所有协议在卫星网络场景下都能保证接近于 1 的公平性，而 UDT 的 FI 仅为 0.71。

表 4-4　卫星网络仿真场景 FI

协议	FI	协议	FI
Hita 协议	0.99	HSTCP	0.98
Verus 协议	0.98	TCP Illinois	0.98
UDT	0.71	STCP	0.99
Cubic TCP	0.99	TCP Westwood	0.98
FastTCP	0.98	YeAH-TCP	0.98

4.4.3　网络实测结果

1. 真实网络场景设置

为了测试真实世界中网络下的协议性能，使用端系统主机为 Ubuntu 14.04 LST 的 64 位操作系统，内核版本为 3.19.0-53-generic，端系统主机中包含所有要对比的基于 TCP 和 UDP 的各种协议，客户端主机放置在中国四川省成都市，服务器放置在美国加利福尼亚州，客户端与服务器之间的往返时间大约是 137 ms，文件通过互联网在两台主机间同时进行传输，采用中国电信宽带接入网络，中国电信宽带的接入链路带宽为 10 Mbit/s。各协议的发送时间为 300 s，以保证各类协议能达到稳定状态性能，其他端系统配置与半实物仿真场景采用的主机配置相同。

2. 网络实测结果

图 4-17 展示了真实网络中 Hita 协议与其他对比协议共存时的平均吞吐率大小，x 轴表示不同的共存协议数据流，由柱状图可以看出 Hita 协议明显优于其他对比协议。表 4-5 量化分析了 Hita 协议的加速百分比，可以看到 Hita 协议比 TCP Reno 和 Cubic TCP 性能分别提升了 163.92% 和 99.02%，对于基于 UDP 的协议性能提升相对较小，这是因为真实世界中的网络有复杂背景流，Hita 协议采用了相对谨慎的拥塞窗口调整方案。

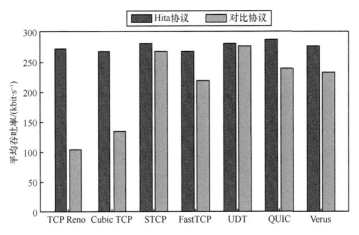

图 4-17　真实网络中 Hita 协议与对比协议的平均吞吐率情况

表 4-5　真实网络中 Hita 协议加速百分比

对比协议	加速百分比
Hita 协议与 TCP Reno	163.92%
Hita 协议与 Cubic TCP	99.02%
Hita 协议与 STCP	5.26%
Hita 协议与 FastTCP	22.26%
Hita 协议与 UDT	1.74%
Hita 协议与 QUIC	19.94%
Hita 协议与 Verus 协议	19.02%

| 4.5　小结 |

　　本章提出了一个卫星网络下自适应传输协议 Hita。该协议通过进行网络状态建模，设计了一个自发生成拥塞控制方法的敏捷发送数据机制，同时，基于短期时间粒度的在线学习方法，模型能够达到动态更新，并动态生成窗口控制目标函数。第 3 章中设计的 APRT 协议为非完全可靠传输协议，具有传输的高速性及一定程度的可靠性，适用于时延敏感型业务；而 Hita 协议兼具可靠性与高速性，适用于高速可靠传输业务。仿真实验结果表明，Hita 协议无论在吞吐量还是数据分组往返时延方面，都优于适用于高速网络的 TCP 和基于 UDP 的可靠传输协议。真实世界网络中的测试结果同样表明，Hita 协议具有较其他协议更好的吞吐量占用率，与其他协议

相比，加速比高达 163.92%。因此，该协议对于提高当前卫星系统中数据的高速传输效率具有重要作用。

| 参考文献 |

[1] ZAKI Y, PÖTSCH T, CHEN J, et al. Adaptive congestion control for unpredictable cellular networks[J]. ACM SIGCOMM Computer Communication Review, 2015, 45(4): 509-522.

[2] BIAZ S, VAIDYA N H. Is the round-trip time correlated with the number of packets in flight[C]//The 3rd ACM SIGCOMM Conference on Internet Measurement. New York: ACM Press, 2003: 273-278.

[3] KLEINROCK L. Power and deterministic rules of thumb for probabilistic problems in computer communications[C]//The International Conference on Communications. [S.l.:s.n.]. 1979: 1-43.

[4] KIßLINGER A L, STUMMER W. New model search for nonlinear recursive models, regressions and autoregressions[C]//International Conference on Networked Geometric Science of Information. Heidelberg: Springer International Publishing, 2015: 693-701.

[5] JAIN R. A delay-based approach for congestion avoidance in interconnected heterogeneous computer networks[J]. ACM SIGCOMM Computer Communication Review, 1989, 19(5): 56-71.

[6] MACHADO F, MARIÑO P, POZA F, et al. FPGA-Based instrument for satellite beacon monitoring on propagation experiments[J]. IEEE Transactions on Instrumentation and Measurement, 2014, 63(12): 2761-2770.

[7] NAG S, LEMOIGNE J, MILLER D W, et al. A framework for orbital performance evaluation in distributed space missions for earth observation[C]//2015 IEEE Aerospace Conference. Piscataway: IEEE Press, 2015: 1-20.

[8] JAIN R, CHIU D M, HAWE W R. A quantitative measure of fairness and discrimination for resource allocation in shared computer system[R]. DEC Research Report TR-301, 1984.

第 5 章

基于容迟业务的低优先级可靠传输协议

本章研究卫星网络下的容迟业务传输协议。近年来，随着云计算、移动互联网和卫星电视的飞速发展，卫星网络带宽需求量大幅增长。随着具有完全不同特性的数据流模式的快速普及，如何明智地管理卫星带宽资源和最大化总体带宽利用率越来越成为主流趋势。如何为卫星网络的背景流传输提供高效的不干扰高优先级传输性能的低优先级（Low Priority，LP）服务（即 LP 协议）是一个关键问题。

| 5.1 引言 |

在卫星网络中，不仅有主流高优先级数据传输，还有背景流传输需求。本章针对卫星网络的网络特性，研究能高效利用卫星网络剩余带宽的自适应低优先级可靠传输协议。

现有的低优先级协议在窄带的地面网络上性能较好，并具有很好的低优先级数据流发送特性，但对卫星信道特征的适应性仍十分有限，不能高效地利用卫星网络带宽。原因有以下几点：首先，由于卫星链路巨大的往返时延（在 $50\sim500$ ms 之间变化），当前 LP 协议的窗口机制对于长时延网络过于保守，无法在非高峰时段快速利用卫星网络的额外可用带宽；其次，有线网络的拥塞避免机制用于卫星网络会使拥塞窗口剧烈振荡，难以在卫星网络的高误码率（Bit Error Rate，BER）（在 $10^{-9}\sim10^{-5}$ 内变化）信道中每次分组丢失后都进行理想的拥塞恢复；最后，由于卫星网络中节点的高移动性和频繁的链路切换，现有协议不恰当的参数选用会导致数据流受限的服务质量（QoS）[1-2]。因此，为了支撑卫星网络中不同类型、不同优先级业务的可靠传输，必须提出新的传输协议来实现可用带宽的利用。

针对传统的低优先级协议无法高效利用卫星网络的剩余带宽这一问题，本章提出一种端到端的基于低优先级的自适应可靠传输协议（Adaptive Low-Priority Reliable Transmission Protocol，ALP），该方法根据不同的网络状态自适应地调整窗口大小，从而利用剩余带宽，同时不干扰高优先级数据流的传输效率，不给网络瓶颈链路增加过多的额外时延开销。该方法具体包括网络参数更新、网络状态估计和自适应拥塞控制机制 3 个部分，首先，通过网络更新参数估计瓶颈链路排队情况和网络拥塞程度，再利用网络吞吐量与负载关系评估当前网络状态，最后，使用自适应窗口控制策略在不同拥塞级实现高带宽利用率和低优先级属性。基于卫星网络的仿真实验表明，ALP 能高效工作于卫星网络，在空闲高带宽、高误码率场景与传统 TCP 数据流共存时，整体链路利用率提高 384.33%，并具有良好的协议内友好性。

|5.2 自适应低优先级网络近似模型及参数概述 |

在本节中，首先简要描述 ALP 拥塞控制的整体架构，然后用流体近似模型描述网络参数更新机制。最后，提出网络状态的估计机制。

5.2.1 协议框架

ALP 的主要目标是使用由标准 TCP 或任何其他高优先级数据流（包括类似 UDP 的数据流）留下的额外网络带宽，并且较高优先级数据流更早探测到网络拥塞，从而减轻 ALP 对高优先级数据流占用率的影响，并保持对空闲网络的高效利用。低优先级协议侧重于拥塞控制模块，可以在 Linux 内核中实现。为了以更精细的粒度提供低优先级服务，ALP 使用基于时延和基于分组丢失的协作信息作为网络状态信号。以下介绍 ALP 拥塞控制模块的简要架构如图 5-1 所示。

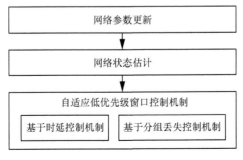

图 5-1　ALP 拥塞控制模块的简要架构

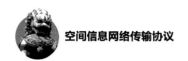

ALP 的拥塞控制模块主要分为 3 个部分：网络参数更新、网络状态估计和自适应低优先级窗口控制机制，这 3 个部分循环进行，在功能上相互独立，使得它们可以被单独设计和异步执行。网络参数更新部件为网络状态估计部分进行基于时延和分组丢失参数的更新；自适应低优先级窗口控制机制决定不同网络状况下的数据分组发送量。低优先级特性由窗口控制机制中的时延和分组丢失控制机制从不同的方面对窗口进行共同控制。对于时延控制机制，ALP 可以在不干扰时延敏感业务的情况下利用适当的带宽资源；对于分组丢失（即当分组丢失事件发生时）控制机制，ALP 需要在空闲网络中快速增长或根据不同的拥塞程度进行不同程度的窗口减小。

5.2.2　流体近似模型

在网络参数更新组件中，ALP 探测基于时延的测量和分组丢失事件。ALP 通过时延变化的测量来估计两种类型的链路信息：在瓶颈处的队列增长情况和网络中的拥塞程度。所有的估计使用共同的控制周期进行，该周期表示为 $t_w = \mathrm{RTT}\left(t_w \geqslant 2\,\mathrm{OWD}\right)$。在接收端，接收端基于其自身的系统时间和接收到的数据分组中的时间戳计算从发送端到接收端的单向时延（OWD），然后，接收端在下一个 ACK 中将计算的单向时延传送回发送端。ALP 接收端处理伪代码如算法 5-1 所示。

算法 5-1　APL 接收端处理伪代码

1: remote_timestamp = packet.timestamp;

2: ACK.delay=local_timestamp()−remote_timestamp;

3: ACK.send();

在发送端，发送端初始化基本链路时延，并且为每个数据分组生成一个由多个位组成的排队时延样本和一位分组丢失事件样本。使用队列动力学的简化流体近似模型来帮助构建使用不同的拥塞控制算法的多个数据流之间的交互行为，该流体近似模型如图 5-2 所示，该模型假设数据分组无限小，从而忽略数据分组的大小。将网络本身简化为一个源端（Src）、一个目的端（Dst）和一个简单的瓶颈以及一个执行先进先出（FIFO）落尾排队机制[3]的路由器。每一个连接被认为

是一个在源端和目的端之间不断累积的流体，连接是同步的，当缓冲器溢出时，所有连接同时能检测到分组丢失事件，并相应地减小各自的窗口大小。此处仅对拥塞控制阶段进行建模，以分析传输层 ALP 端到端的行为。定义 G 表示队列的服务速率，B 表示队列处的缓冲器容量，Q_i^t 是数据流 i 在 t 时段相应累积的队列大小，$D_{\text{ack},i}$ 表示分组的 OWD，所有连接经历相同的传播时延 $D_{\text{base},i}$，与此同时，Θ 被定义为发送吞吐量和实际吞吐量之间的差异。实际上，在拥塞网络中，瓶颈链路以高于其链路容量的速率接收分组，接收端的接收速率限制了最大的实际吞吐量，同时，当网络拥塞时，发送吞吐量大于实际吞吐量。

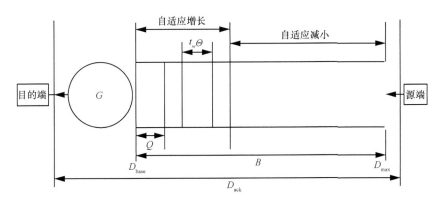

图 5-2　队列动力学简化的流体近似模型

5.2.3　网络参数更新

基于以上网络流体近似模型，本节讨论 ALP 使用的网络参数及其更新机制。

（1）排队时延

为了在网络拥塞期时实现高链路利用率这一目标，对瓶颈队列的缓存分组数量的估计是必不可少的。每当接收到一个正确的 ACK 时，$D_{\text{base},i}$ 进行更新，更新方法如式（5-1）所示，每当发送端检测到 $D_{\text{ack},i}^t$ 增加时，则判断有队列正在形成，并通过链路利用情况和拥塞状态自适应地降低发送速率。基于 OWD 的测量能达到早期拥塞检测的效果，是因为基于 OWD 的产品仅在前向路径（从源端到目的端）上检测拥塞，该方法不像 TCP 通过等待分组丢失事件或基于 RTT 时间粒度来进行拥塞判断，能防止由反向背景业务引起的假早期拥塞信号，这种方法

尤其适用于长时延网络，因此基于 OWD 的 ALP 能比 TCP 更早地对网络拥塞做出反应。

$$D_{\text{base},i}^{t+1} = \begin{cases} +\text{INFINITY}, & t = -1 \\ \min\left(D_{\text{base},i}^t, D_{\text{ack},i}^t\right), & t \geqslant 0 \end{cases} \tag{5-1}$$

首先，考虑具有单个瓶颈链路的网络和具有往返时延 t_w 的一条数据流，假设在拥塞期间（即瓶颈队列非空并且链路以其最大容量进行传输），发送端继续增加拥塞窗口，ω_{knee} 表示负载已经达到瓶颈容量时的窗口大小，当窗口增长超过 ω_{knee} 达到 $\omega(t)$ 时，其中 $\omega(t) = \omega_{\text{knee}} + \Delta\omega(t)$ $(\Delta\omega > 0)$，则用式（5-2）计算 t_w 时段的排队时延。

$$Q_i^t = D_{\text{ack},i}^t - D_{\text{base},i}^t \tag{5-2}$$

此外，γ 定义为允许 ALP 引入的最大排队时间，显然，当估计的排队时延低于 γ 时，发送速率必须增加，相反，当排队时延估计高于 γ 时，拥塞控制机制降低发送速率。

（2）拥塞程度估计

计算发送吞吐量 $T = \omega_i^t / t_w$ 和实际吞吐量 $G = \text{acked·bytes}/t_w$ 之间的差异的方法是网络中的拥塞程度的重要指示方法，其中 ω_i^t 表示 t 时刻的发送窗口大小，通过记录分组的发送时间和 ACK 反馈的收到时间，发送端可以计算分组所经历时延大小，记为 t_w。在 t_w 时间段内，发送端记录发送了多少字节和已经确认的分组字节的数量，该过程基于 RTT 时间粒度相应地进行窗口调整，Θ 被定义为发送吞吐量与实际吞吐量之间的差异。

$$\Theta = T - G \tag{5-3}$$

此外，定义两个阈值 ϕ 和 μ，分别表示网络中的较低和较高的拥塞程度，当 $\Theta < \phi$ 时，表示几乎没有网络拥塞，此时发送吞吐量小于实际吞吐量；当 $\phi \leqslant \Theta < \mu$ 时，表示网络没有被滥用，此时网络被适度利用；当 $\Theta \geqslant \mu$ 时，表示网络拥塞没有缓解的趋势，分组都被积压在瓶颈缓冲器中，此时发送吞吐量大于实际吞吐量，Θ 的绝对值表示数据传输速率变化的快慢程度。

上述机制没有考虑标准 TCP（如 RFC6817）中提到的一些其他研究问题，即 ACK 重采用、噪声滤波等，这些问题并非本研究所要解决的内容。

|5.3　低优先级的拥塞控制机制 |

5.3.1　网络状态估计

在网络状态估计组件中，讨论如何基于第 5.2 节所述的两个参数来决定网络状态，即瓶颈的排队时延发送吞吐量与实际吞吐量之间的差值。

拥塞避免技术由以下预期的网络行为模型进行推导，该模型被称为吞吐量与负载的关系模型[4]。吞吐量通常与负载成比例增加，直到负载达到瓶颈容量，该点称为 Knee，此时吞吐量最大；当缓冲器溢出时，网络已经到达 Cliff 点，此时拥塞导致分组丢失，随后吞吐量开始降低。为了适应不同的网络情况，ALP 定义了 3 种网络状态，以表示不同程度的网络负载：空闲网络状态、部分利用网络状态和拥塞网络状态。

基于 Knee 和 Cliff 的概念，分析考虑瓶颈队列的发送速率动态模型。假设 n 条数据流共享具有容量 C 的单个瓶颈链路，合计的拥塞窗口大小在时间 t 的定义为

$$\omega^t = \sum_{i=1}^{n} \omega_i^t \tag{5-4}$$

考虑所有数据流都能探测带宽，并最终到达 Knee 点的情况，此时，瓶颈缓冲区尚未形成稳定的队列且 $G_i^t = T_i^t$，ω 的计算方法为 $\omega_{\text{base}} = t_w \times C$。在此之后，如果队列进一步增加，网络将表现为另一状态，即瓶颈队列开始形成，此时窗口的计算方法被重定义为

$$\omega^t = \omega_{\text{knee}} + \Delta \omega^t, \Delta \omega > 0 \tag{5-5}$$

由于 ALP 最多可在一个 RTT 内向瓶颈链路传输 γC 分组，$\Delta \omega_\gamma^t$ 个数据分组将在队列中滞留，因此，瓶颈链路的稳定排队时延为

$$\gamma = \frac{\Delta \omega_\gamma^t}{C} \tag{5-6}$$

吞吐量计算为

$$T_\gamma^t = \frac{\omega_{\text{base}} + \Delta\omega_\gamma^t}{t_w + \gamma} = C \qquad (5\text{-}7)$$

5.3.2 自适应低优先级窗口控制机制

本节叙述如何利用网络参数进行不同网络状态下的窗口控制策略。

由于 ALP 要基于不同的网络状态自适应地更新拥塞窗口，ALP 的拥塞控制策略由自适应窗口增加和减少算法组成。拥塞窗口和估计排队分组数量分别用 ω^t 和 Q^t 表示为时间 t 的函数。ALP 发送端根据网络状态应用以下步骤之一进行发送数据速率控制。

$$\text{自适应窗口增加：} \quad \omega_i^{t+\alpha\Delta t} \leftarrow f(t,\gamma,\Theta) \qquad (5\text{-}8)$$

$$\text{自适应窗口减小：} \quad \omega_i^{t+1} \leftarrow \theta(\omega_i^t - \delta(Q_i^t - \gamma)) \qquad (5\text{-}9)$$

其中，$f(t,\gamma,\Theta) > 0$ 将在下文详细定义。同时，窗口增加的时间粒度为每个控制周期 $\alpha\Delta t$，若检测到窗口应该进行自适应减小，则按式（5-9）进行自适应窗口减小。

1. 自适应窗口增加

在未被充分利用的网络中，快速收敛到低优先级状态是 ALP 的独特特性之一，该过程通过管理拥塞窗口 $f(t,\gamma,\Theta)$ 函数达到在不同网络状态下自适应的变化效果，其选择函数功能的要求如下。一方面，在空闲网络（$Q \leqslant \gamma,\Theta < \phi$）中，拥塞窗口需要快速增长来利用剩余带宽。另一方面，在大部分网络资源已被利用的网络（$Q \leqslant \gamma$）中，拥塞窗口需要适度地增加以保持网络利用率的稳定。本研究将低优先级队列目标值设置为 $\gamma = 25$。

相应的自适应窗口增加函数为

$$f(t,\gamma,\Theta) = \begin{cases} \alpha(\tau - K)^3 + \omega_{\max}, & Q \leqslant \gamma,\Theta < \phi \\ \omega_i^t + \beta \times \text{offset}, & Q \leqslant \gamma,\Theta \geqslant \phi \end{cases} \qquad (5\text{-}10)$$

其中，α 是缩放因子，τ 是从上一次窗口缩减起经过的时间，$\omega_{\max}$ 是上一次窗口缩小前的窗口大小值，式中 $K = \sqrt[3]{\dfrac{\omega_{\max}\theta}{\alpha}}$，$\theta$ 被定义为在分组丢失事件发生时应用于窗口缩减的乘性减因子，offset 表示线性增加因子（$\text{offset} = \gamma - Q$），$\beta$ 表示自适应生长速率。

为了实现高效的低优先级服务，ALP 在空闲网络情况下的目标是让数据流快速占用大量的额外剩余带宽，此时采用基于分组丢失策略的控制方案（即 Cubic TCP 窗口控制函数），即式（5-10），该窗口控制函数能在窗口减小到较小值时快速地进行窗口增加，但当窗口接近 ω_{max} 时，该函数能放缓窗口增长率，窗口在 ω_{max} 附近时，窗口增量几乎为零。通过这种窗口控制方式，ALP 能迅速并适度地增加窗口，同时，由于该窗口控制函数是独立于 RTT 的，因此，经历不同的 RTT 的数据流仍将以相同的速率进行窗口增加，从而保证了 ALP 的 RTT 公平性。

如果 $\phi \leqslant \Theta \leqslant T_\gamma^t$，即网络拥塞即将来临，ALP 检测到高优先级数据流进入网络，这意味着路由器缓存器逐渐累积数据分组，ALP 数据流增长率则不能超过 TCP，此时式（5-10）用来决定窗口的变化情况，该函数由变量 μ（$\beta = \dfrac{1}{\mu}$）确定变化趋势，当 μ 增加时，ω^t 以缓慢的方式增长；当 $Q = \gamma$ 时，ALP 达到稳定状态，同时 $\beta = 0$。本章中 ϕ 和 μ 被分别设置为 0.50×10^{-3} 和 0.84×10^{-3}。

2. 自适应窗口减小

已知拥塞窗口平均大小与分组丢失率 ρ 的平方根成反比，如稳态公式 $\rho_i^t = 3/(2(\omega_i^t)^2)$ 所示。因此，在空闲网络中，需要极小的分组丢失率来维持一个较大的窗口。为了保证 ALP 数据流的带宽占用是低优先级的，利用基于协同的网络信号进行相应的拥塞窗口减小。当发送方检测到排队时延超过预定阈值 $Q > \gamma$ 时，利用窗口缩减偏移值进行发送速率的降低如式（5-10）所示；当没有分组丢失事件发生时，$\delta = 1$。

此外，当发送端接收到某数据分组的否定确认信息（3 个重复 ACK 或超时信号）时，则判断该数据丢失，此时如何在高误码率链路实现高带宽利用率是关键问题，因此，在 ALP 中网络拥塞不是仅由分组丢失决定的，还由其他网络现象决定（例如网络的拥塞程度 Θ），换言之，分组丢失通常是由网络拥塞和不可忽视的链路随机误码两种原因造成的[5]。如果在数据流处于网络拥塞状态时检测到分组丢失，则 ALP 假定此次分组丢失是由拥塞引起的；否则，假定分组丢失是由随机误码引起的。当发送端检测到分组丢失事件后，则窗口阈值 S 和当前窗口大小由式（5-11）、式（5-12）决定，同时，$\omega_{max} \leftarrow \omega_i^t$ 和 $\delta = 0$。

$$S_i^t \leftarrow \theta \omega_i^t \qquad (5-11)$$

$$\omega_i^{t+1} \leftarrow S_i^t + 3 \qquad (5-12)$$

如果数据连接不处于网络拥塞状态（$\Theta < \mu$），ALP 假定分组丢失是随机的，相应的窗口阈值减少较小，即 $\theta = \theta_{\max}$，通常，任何大于 1/2 同时小于传统 TCP 的减性因子都能被使用，本研究使用 $\theta = 3/5$，使得这种情况下的窗口大小缩减不会像由于拥塞而分组丢失的窗口缩减那么剧烈；如果数据连接处于拥塞状态（$\Theta > \mu$），ALP 假定分组丢失是由网络拥塞引起的，此时，相应的窗口域值减少较大，即 $\theta = \theta_{\min}$，本研究采用 $\theta = 1/3$。

5.3.3　ALP 与高优先级数据流之间的友好性

低优先级服务的一个重要目标是当在与高优先级数据共享瓶颈链路时能够快速让出带宽等资源。从以上算法可以得出，ALP 能够从理论上检测到已经存在于网络上和新进入网络的业务，从而快速地给新进入的数据流让出带宽。通过探索瓶颈队列大小，ALP 总是能给任何种类的高优先级数据流让出带宽，甚至是非交互式应用数据流，ALP 可能不会给在瓶颈队列处不引起可测量时延的低负载和时间敏感的业务让出带宽。

| 5.4　性能评估 |

本节进行了大量的仿真及真实网络场景实验，测试低速网络、高带宽时延积网络和卫星网络中的 ALP 及其他低优先级协议的性能。

5.4.1　仿真评价

1. 仿真场景设置

仿真采用流行的数据分钟级模拟器 NS2。NS2 网络拓扑结构如图 5-3 所示，考虑由两个或多个用户共享单个瓶颈链路的哑铃网络拓扑结构，瓶颈链路路由器使用缓冲区大小为 B 的 FIFO drop-tail 队列规则。为了简便计算，瓶颈缓冲区大小 B 由从数据分组个数角度考虑的网络带宽时延积确定，则 $B = \left\lceil \dfrac{t_w C}{8P} \right\rceil$，其中 $\lceil x \rceil$ 表示取上限函数。C 是瓶颈链路的容量，P 是数据分组的大小，每个模拟场景测试仿真时间持续 300 s，所有 TCP 变体协议都使用默认的参数设置。主要模拟以下两种网络场景。

场景 A：窄带网络，C 为 10 Mbit/s，单向传播时延为 50 ms。

场景 B：宽带网络，C 为 400 Mbit/s，单向传播时延为 400 ms。

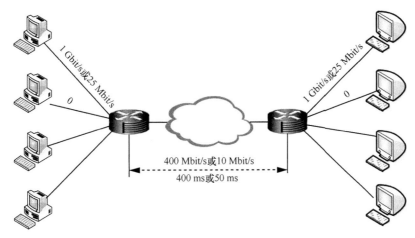

图 5-3　NS2 网络拓扑结构

2. 单条数据流场景评价

在本节中，展示了场景 A 和场景 B 网络场景中单条数据流的各种协议效率。

首先，实验评估了瓶颈链路随机分组丢失率在 $10^{-6} \sim 10^{-1}$ 时，各低优先级协议的归一化吞吐量，如图 5-4 所示。可以看出，无论在低速网络还是高速网络中，随着数据分组丢失率的增加，所有协议的归一化吞吐量总体减小。如图 5-4（a）所示，在网络分组丢失率小于 10^{-4} 时，ALP 和 LEDBAT 获得比其他低优先级协议更高的归一化吞吐量，其中 ALP 在网络分组丢失率小于 10^{-4} 时的归一化吞吐量高于 95%，而 TCP-LP 的归一化吞吐量小于 10%。当网络分组丢失率大于 10^{-3} 时，除 ALP，其他协议性能均迅速下降，链路利用率都不足 30%，这是因为其他 3 个协议都将分组丢失事件视为网络拥塞信号，拥塞窗口进行了大量减少。图 5-4（b）中 ALP 的效率始终处于领先地位，尤其是在高速网络中且分组丢失率大于 10^{-4} 时，其他 3 种协议几乎不占用链路任何带宽；当没有分组随机丢失时，ALP 的归一化吞吐量约为 40%，而 LEDBAT 低于 2%，是所有协议中最低的，这是由保守的加性增乘性减机制造成的，限制导致窗口大小无法有效增长，而 ALP 使用凹函数更新窗口来保持较高的网络利

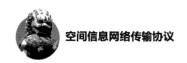
用率；此外，当网络不拥塞时，ALP 使用协同的信号作为网络拥塞指示符，避免由于只采用基于时延估计或只采用分组丢失事件作为信号导致的协议性能恶化问题。

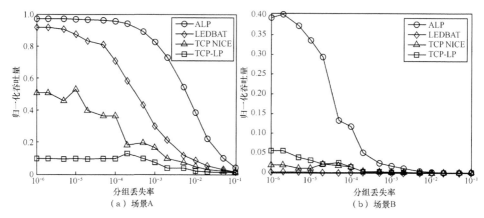

图 5-4   不同网络分组丢失率下的单条数据流各低优先级协议归一化吞吐量

其次，我们对不同队列缓冲区 B 下各协议的性能进行了评价，实验中链路误码率为 0，图 5-5 评价了两种场景下 ALP 与其他低优先级协议的对比情况。如图 5-5（a）所示，所有协议的归一化吞吐量大致随着缓冲区大小的增长而增加，而 ALP 优于其他低优先级协议。此外，TCP-LP 和 TCP NICE 在低于 150 个数据分组的缓冲区大小时，协议性能迅速降低，这是由于 ALP 可以比其他协议更早地估计排队状态，以便适当地利用缓冲区容量；当缓冲区大小大于 80 个数据分组时，ALP 维持比其他协议更好的性能，基本实现了对剩余带宽的完全利用；TCP-LP 只实现了大约 10% 的带宽利用率。图 5-5（b）表明，LEDBAT 在高速网络中不能达到良好的性能，与其他协议相比性能最差，剩余带宽利用率低于 0.3%；当缓冲区大小很小时，TCP NICE 和 TCP-LP 由于其 AIMD 窗口增长机制，增长仍然比 ALP 慢，而 ALP 可以进行快速的窗口增长，即 ALP 检测空闲网络状态，然后使用快速凹增长函数来更新窗口。

图 5-6 表示 ALP 与几种标准 TCP 在基于不同缓冲区大小的两种场景下的性能对比，如图 5-6 所示，当网络中只有一个 LP 数据流时，低优先级可以切换到与标准 TCP 带宽利用率一样多的方案，证明了无论在窄带空闲网络还是宽带空闲网络中，ALP 像其他性能较好的标准 TCP 一样能很好地利用可用带宽，达到良好的协议性能。

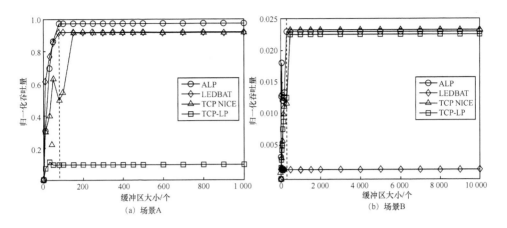

图 5-5　不同缓冲区大小下的单条数据流各低优先级协议效率

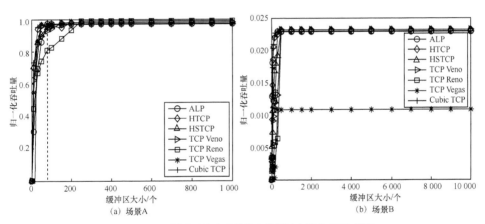

图 5-6　不同缓冲区大小下的单条数据流各版本 TCP 效率

3. 共存数据流场景评价

为了评估 ALP 在各种低优先级协议共存情况下的效率，实验指定一个发送端采用 ALP，而另外 3 个发送端采用 LEDBAT、TCP-LP 和 TCP NICE，分别在具有相同时延的场景 A 和场景 B 下进行仿真。如图 5-7 所示，4 种协议数据流穿过相同的瓶颈链路，随机分组丢失率为 $10^{-6} \sim 10^{-1}$。如图 5-7（a）所示，ALP 在与其他协议竞争时能利用更多的剩余带宽，这是因为 ALP 使用网络状态估计方法检测网络状况，并能自适应地快速增加拥塞窗口，而其他低优先级协议使用较缓慢的窗口增长函数，同时会因为随机的链路误码情况而降低发送速率，性能会显著下降。如图 5-7（b）所示，在高带宽网络中，所有协议的总吞吐量基本上随着分组丢失率的

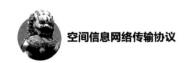

增加而显著减少，ALP 的性能优势更加明显，其他低优先级协议性能无法与 ALP 数据相比，性能都较差，当分组丢失率大于10^{-5} 时，其他 3 种协议几乎不占用网络带宽。

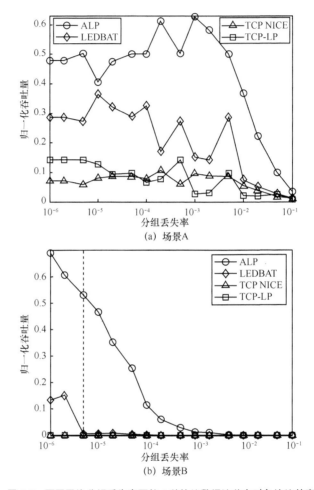

(a) 场景A

(b) 场景B

图 5-7   不同网络分组丢失率下的 4 种协议数据流共存时各协议效率

图 5-8 展示了 ALP 的拥塞窗口大小和瓶颈链路的缓冲区大小随时间的变化情况，实验在场景 A 中执行，一个发送端执行 ALP，而另一个发送端执行 TCP Reno。由图 5-8（a）可以看出，ALP 和 TCP Reno 在开始时都增加拥塞窗口，当队列累积形成后，ALP 逐渐进行窗口减小，随着时间推移，TCP Reno 不断占用链路带宽，而 ALP 将拥塞窗口减为 0。当 TCP Reno 因为周期性的网络拥塞发生分组丢失的事件后，窗口大小相应地周期性减半，此时，ALP 也形成了周期性的网络状态探测。这是因为当 TCP Reno

窗口减半时，ALP 会检测到有额外带宽可以利用，但由于此时排队时延较大，ALP 只能缓慢地增加窗口大小。图 5-8（b）显示了相应的缓冲区大小的变化情况，起初 ALP 和 TCP Reno 共享缓冲区，然后，ALP 检测到缓冲区产生排队时延并慢速增加其窗口，因此 ALP 可以取得良好的低优先级的特性，即 ALP 能为高优先级协议让出带宽。

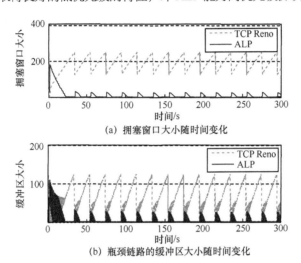

图 5-8　ALP 的拥塞窗口大小和瓶颈链路的缓冲区大小随时间的变化情况

为评价具有不同带宽、不同 OWD 组 $(C, D) = \{(10 \text{ Mbit/s}, 50 \text{ ms}), (100 \text{ Mbit/s}, 100 \text{ ms}), (300 \text{ Mit/s}, 300 \text{ ms}), (400 \text{ Mbit/s}, 400 \text{ ms})\}$ 的瓶颈链路中 ALP 的性能，同时，考虑不同的参数值 $\gamma \in \{10, 25, 50, 100\}$，仿真实验让一个发送端执行 ALP，而另一个发送端执行 TCP Reno，每组实验的瓶颈链路缓冲区都为 1 BDP 大小。图 5-9 所示为仿真数据分组大小为 1 000 B 的轻负载网络，首先评价 ALP 数据流的带宽利用能力，可以看出在带宽为 10 Mbit/s 和 100 Mbit/s 时，ALP 几乎不影响高优先级数据流对带宽的占用，当带宽为 300 Mbit/s 和 400 Mbit/s 时，无论是 ALP 还是 LEDBAT 做背景流时，TCP Reno 数据流的带宽占用量相同，而 ALP 则能利用更多的剩余可用带宽。因此，可知 ALP 大大增加了网络整体的链路利用率，几乎是以 LEDBAT 为背景流的总体占用率的两倍。图 5-10 所示为高负载网络的实验结果，网络中的分组大小为 5 000 B，当带宽为 300 Mbit/s 时，用两种低优先级作为背景流时，TCP Reno 的链路利用率几乎相同，而 ALP 占用大约 40%带宽容量，LEDBAT 只利用了 2%的剩余带宽。综上所述，ALP 试图在不影响 TCP Reno 数据流的情况下，尽量最大化地利用剩余带宽来发送更多 LP 数据，因此链路的总利用率变得更高。

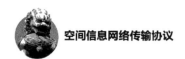

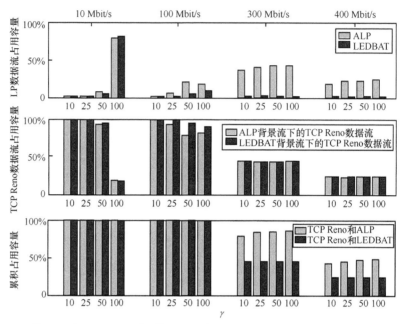

图 5-9　当 *P*=1 000 B 时，基于不同 γ 值，带宽、时延网络的链路占用情况

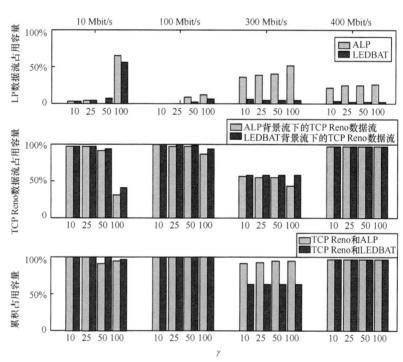

图 5-10　当 *P*=5 000 B 时，基于不同 γ 值，带宽、时延网络的链路占用情况

为了评估 LP 数据流对高优先级的退避情况，图 5-11 给出了一条 TCP Reno 数据流和一条 LP 数据流共享瓶颈链路时随时间变化的归一化吞吐量变化情况，由图 5-11 可以看出，开始时 ALP 的发送速率增长很快，但在数十秒即产生退避，这是因为开始时网络是空闲的，ALP 即推断网络空闲，当 TCP Reno 数据流逐渐占用带宽，ALP 通过自适应的窗口调整机制快速释放其占用的带宽。图 5-12 所示为该场景的链路总体利用情况，TCP Reno 与 ALP 共存时，与其他协议相比整体吞吐量最高。可以得出结论，当高优先级的业务被注入网络后，ALP 可以很好地减小拥塞窗口、释放带宽占用，并使总带宽利用达到最大。

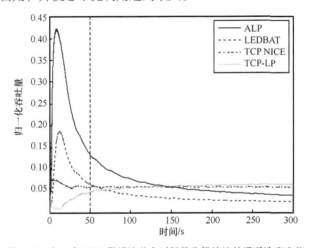

图 5-11　与一条 TCP 数据流共存时低优先级协议的退避速率变化

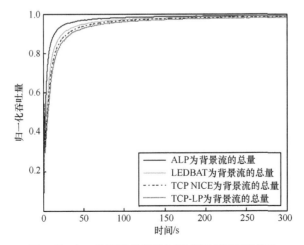

图 5-12　与一条 TCP 数据流共存时整体链路利用情况

4. 协议公平性

为了评价 ALP 的公平性，进行了两条相同 LP 数据流共享瓶颈链路的实验，场景中不同的数据流之间设有不同的 OWD，其中 3 条数据流的 OWD 比率为 1、2 和 3。如图 5-13 所示，利用了公平性指数和效率指数进行结果展示。

$$FI = \frac{\left(\sum_{i=1}^{N} x_i\right)^2}{N\sum_{i=1}^{N} x_i^2} \tag{5-13}$$

$$EI = \frac{\sum_{i=1}^{n} x_i}{C} \tag{5-14}$$

在同质网络中，两条数据流通过相同瓶颈链路，OWD 比率为 1，ALP 能够公平地共享链路资源，此时 FI 为 0.99。对于异质网络，OWD 比率分别为 2 和 3，协议的公平性会受到影响，但与其他 3 个协议对比时，ALP 仍然为用户提供较高水平的吞吐量，同时，公平地共享网络资源。

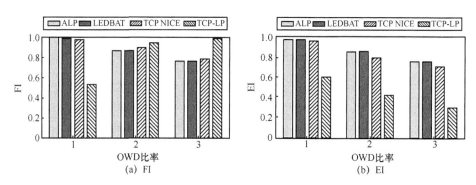

图 5-13　不同 OWD 比率下各协议的公平性指数和效率指数

5.4.2　卫星网络场景仿真评估

1. 卫星网络仿真场景设置

为了评价 ALP 在卫星和地面场景混合网络中的性能，实验采用基于 NS2 模拟器的铱星星座网络，并配有 N 个低优先级协议的发送端、TCP 发送端和 2 个接收端，仿真拓扑结构如图 5-14 所示。具有 drop-tail 队列策略的卫星网关具有 1 个 BDP 缓冲区大小，地面链路（链路 1）和卫星间链路（链路 2）的带宽为 100 Mbit/s。对于本卫星中的评估，链路误码率为 $10^{-10} \sim 10^{-5}$。

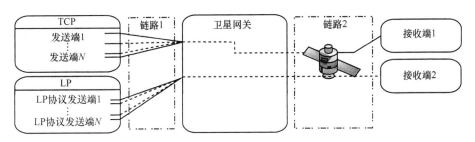

图 5-14　卫星−地面混合网络的仿真拓扑结构

2．卫星网络仿真结果

首先考查 ALP 在与其他低优先级协议对比时的协议效率，图 5-15 和图 5-16 分别给出了 4 种协议单数据流场景和共存数据流场景的实验结果。如图 5-15 所示，ALP 的性能始终优于其他的性能，当链路误码率较低时，ALP 检测到更多的额外带宽并快速达到最大的带宽利用率；当链路误码率较高时，链路的随机分组丢失增多，ALP 通过窗口动态减少机制避免不必要的拥塞窗口。当链路误码率为 10^{-7} 时，与 LEDBAT 相比，ALP 的归一化吞吐量提高了约 34%。由图 5-16 可以观察到类似的结果，此时 ALP 较 LEDBAT 归一化吞吐量最高增长约 48%。

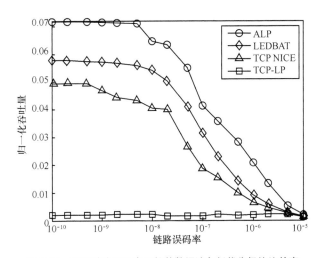

图 5-15　不同链路误码率下的单数据流各低优先级协议效率

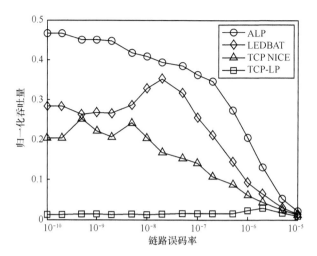

图 5-16　不同链路误码率下的共存数据流各低优先级协议效率

为研究 ALP 的低优先级特性,图 5-17 展示了当链路误码率为 10^{-9} 时,单条 Cubic TCP 数据流和单条 ALP 数据流共享瓶颈链路的实验结果。仿真表明,随时间的推移 ALP 与 Cubic TCP 数据流始终保持友好性,这是因为 ALP 能较准确地判断路由器中的队列变化,同时能早于标准 TCP 进行网络拥塞的判断。

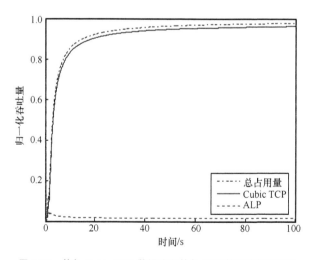

图 5-17　单条 Cubic TCP 数据流和单条 ALP 数据流的友好性

表 5-1 考查了不同链路分组丢失率的轻负载卫星–地面网络中,ALP 与 TCP 不同变体协议共存时,对网络整体利用率的加速比,进行两类实验:第一类为 TCP 不

同变体协议分别和一个 ALP 数据流共享瓶颈链路发送数据，第二类为 TCP 不同变体协议单独使用瓶颈链路发送数据。表 5-1 给出了链路整体利用率加速比结果区间，加速比的定义为并发数据流（第一类）在变化的链路误码率场景中链路整体利用率与单 TCP 数据流（第二类）的链路利用率的比值，可以得出结论，ALP 能提高几乎所有 TCP 变体协议对链路的利用率，最高可达 384.33%，使得在轻负载卫星–地面网络中的带宽总体利用率显著增加。

表 5-1　ALP 对网络的加速比区间

序列	协议	加速比区间
1	TCP Reno	[1.79, 3.84]
2	TCP Illinois	[1.80, 2.92]
3	CTCP	[1.02, 2.72]
4	HSTCP	[1.75, 2.74]
5	TCP Westwood	[1.56, 2.20]
6	Cubic TCP	[1.61, 2.24]
7	TCP Veno	[1.72, 2.07]
8	HTCP	[1.64, 2.06]
9	STCP	[1.58, 1.88]
10	YeAH-TCP	[1.57, 1.96]
11	TCP Hybla	[1.01, 1.16]

5.4.3　网络实测结果评价

1. 网络实测平台

为了测试 ALP 在真实网络中的性能，将 ALP 作为一个模块插入 Linux 内核（v2.6.28）协议栈中，同时将 LEDBAT 插入内核作为对比协议，所使用的高优先级协议 TCP Reno 是 Linux 内核（v2.6.28）内置协议。图 5-18 所示为真实网络测试床的拓扑结构，被测试的运行 ALP 的客户端计算机放置于中国四川省成都市四川大学内，服务器放置在韩国首尔建国大学内，建国大学连接到韩国高级研究网络（KOREN）的带宽为 1 Gbit/s，韩国首尔连接到中国教育和科研网络

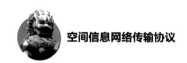
（China Education and Research Network，CERNET）的带宽为 10 Gbit/s，实验采用不同的接入网络进行测量，包括中国电信宽带（China Telecom Broadband，CTB）和 CERNET，以便测试具有不同网络拥塞级别和时延网络下的 ALP 性能。

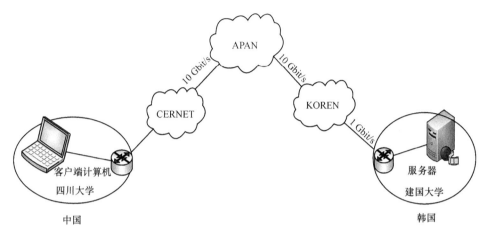

图 5-18　真实网络测试床拓扑结构

实验利用以下工具完成真实网络的测试。利用 Linux 下 SCP 服务作为文件传输服务，利用 Iperf（v2.0.5）作为网络可用带宽测试工具，同时，利用 Linux 的流量控制器（Traffic Controller，TC）配置和控制 Linux 系统的网络调度，提供更严格复杂的真实网络测试环境。实验选择 FIFO 的队列规则，将 LP 作为 TCP 一套体系中可选择的偏好设置，通过不同的应用接口进行不同的协议（包括标准 TCP 和 LP）选择设置。

2. 网络实测结果

为了评估有负载的真实网络中的协议性能，进行了一条 TCP 数据流和一个 LP 数据流同时发送的实验，数据流的发送时间为 10 min，以使测试的算法能够达到稳态性能[6]。如图 5-19 所示，ALP 在一天内不同的时段与 LEDBAT 进行对比，x 轴为一天内的 4 个不同时段 7:00—8:00、11:00—12:00、22:00—23:00 以及 0:00—1:00，由图 5-19 可以看出，ALP 在 CERNET 和 CTB 网络中能比 LEABAT 让出更多带宽，这是因为 ALP 能更精确地进行网络状态检测，并自适应地利用网络，ALP 流量较 LEDBAT 能更好地工作于较拥塞的网络中，最多比 LEDBAT 让出约 52% 的链路带宽。

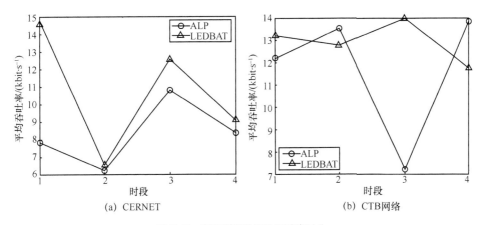

图 5-19　不同时段的平均吞吐率对比

对于不同的分组丢失率情况，实验利用 TC 对所有将进入互联网的数据分组增加额外的随机分组丢失率，即 0、0.2 和 0.5，利用 ping 命令测量 RTT，再利用 Iperf 测量可用带宽，实验采用一条 ALP 数据流或一条 LEDBAT 数据流进行数据发送。实验结果见表 5-2，从表 5-2 中可以看到，ALP 的性能没有随着额外分组丢失率的增加而下降，而 LEDBAT 的性能有所下降。造成这种情况的原因有两个：空闲网络中，ALP 检测到网络中还有可用带宽，同时网络拥塞程度较低，于是迅速增加窗口，而 LEDBAT 窗口增大缓慢；当网络有空闲带宽，但存在大量的数据分组被丢弃时，ALP 能进行自适应的窗口减小，而此时 LEDBAT 不断地减半拥塞窗口。在网络中，网络的程度随着时间段的不同而变化，7:00—8:00 时段，网络相对空闲，则 ALP 比 LEDBAT 利用更多的带宽；在 CTB 网络，ALP 在 23:00—0:00 时段比 LEDBAT 能利用高达 144.90%的吞吐量。

表 5-2　不同分组丢失率真实网络下的平均吞吐率

指标	CERNET/(kbit·s⁻¹)					
	7:00—8:00			23:00—0:00		
RTT/ms	338			367		
可用带宽	819			225		
分组丢失率	0	0.2	0.5	0	0.2	0.5
LEDBAT	143.74	159.91	164.28	21.63	33.75	55.38
ALP	178.37	161.76	175.43	20.75	34.9	61.39
加速比	24.09%	1.15%	6.78%	4.24%	3.40%	10.85%

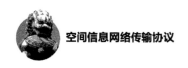

（续表）

指标	CTB/(kbit·s⁻¹)					
	7:00—8:00			23:00—0:00		
RTT/ms	110			110		
可用带宽	1 070			864		
分组丢失率	0	0.2	0.5	0	0.2	0.5
LEDBAT	37.82	38.67	28.54	48.93	35.91	30.15
ALP	75.64	65.75	76.19	55.05	69.09	73.84
加速比	100%	70.02%	166.95%	12.50%	92.39%	144.90%

| 5.5　小结 |

本章描述了一种端到端的自适应低优先级协议 ALP。该协议采用基于 ACK 反馈信息动态地检测网络状态，可以根据网络状态利用基于时延和分组丢失的方法自动更新拥塞控制窗口。通过仿真及真实网络测试，证明 ALP 比其他低优先级协议实现了更优化的协议效率和协议内公平性，能实现比其他低优先级协议在不同的网络状态（包括不同的链路带宽、分组丢失率和路由器缓冲区的大小）更高的吞吐量结果，达到在同质和异质网络中的公平性以及和高优先级 TCP 数据流共存的低优先级特性。此外，ALP 优化了网络的总体链路利用率，对于支撑卫星网络中不同类型、不同优先级业务的可靠传输具有重要作用。

| 参考文献 |

[1] KUHN N, MEHANI O, SATHIASEELAN A, et al. Less-than-best-effort capacity sharing over high BDP networks with LEDBAT[C]//2013 IEEE 78th Vehicular Technology Conference (VTC Fall). Piscataway: IEEE Press, 2013: 1-5.

[2] TRANG S, KUHN N, LOCHIN E, et al. On the existence of optimal LEDBAT parameters[C]// 2014 IEEE International Conference on Communications (ICC). Piscataway: IEEE Press, 2014: 1216-1221.

[3] BRAMSON M. Instability of FIFO queueing networks[J]. The Annals of Applied Probability, 1994: 414-431.

[4] WANG W Y, HUANG L S, LI C C, et al. TCP polite rate control based on cooperative

measurement[J]. Security and Communication Networks, 2016, 9(9): 899-909.

[5] MATA DIAZ J, ALINS J, MUNOZ J, et al. A simple closed-form approximation for the packet loss rate of a TCP connection over wireless links[J]. IEEE Communications Letters, 2014, 18(9): 1595-1598.

[6] WANG M, WANG J, HAN S. Adaptive congestion control framework and a simple implementation on high bandwidth-delay product networks[J]. Computer Networks, 2014, 64: 308-321.

第 6 章

基于喷泉码和可靠 UDP 的
空间网络传输协议

近年来，随着全球移动互联网的爆发式增长，机载宽带上网，特别是航空互联网得到了广泛应用。随着越来越多的用户开始使用这项服务，传统的航空卫星通信中的卫星资源可能变得有限。因此，新的航空通信方式可以集成到现有的体系结构中。除了飞机直接与地面站通信以及航空卫星通信这两种方式，航空网络构架扩展到包括多架飞机之间的多跳自组织网络，形成了新的航空网络构架——航空自组网。因此，为航空自组网提供高效、可靠的数据传输服务来支持宽带互联网访问成为一个巨大的挑战。

|6.1 引言 |

　　本章以航空自组网为空间信息网络的一个具体网络实例，研究满足航空自组网网络特性的高效可靠数据传输协议。

　　不同于陆地的自组织网络，航空自组网[1-2]具有极高的动态特性，如大且可变的时延、高信道误码率、受限且高度不对称的带宽以及由飞机的高移动性带来的频繁链路切换，这些网络特性对传输协议的性能有很大的影响[3-4]。传统的 TCP、UDP以及衍生版本都不能有效地满足航空自组网的传输需求。基于喷泉码的 UDP 可以获得较高的解码成功率，且没有重传引起的额外时延，但是，使用有限的冗余分组不能保证绝对的可靠性。总之，当前的传输方法都无法解决航空自组网的传输挑战。

　　为了满足航空自组网的传输需求，本章提出一个新的数据传输协议，称为FRUDP，它结合 RUDP 和喷泉码提供可靠高效的数据传输服务。首先，FRUDP 的拥塞控制机制能很好地区分动态航空网络中的拥塞分组丢失和链路切换分组丢失。其次，FRUDP 使用改进的 SNACK 机制处理航空自组网中的带宽非对称问题。再次，喷泉码作为应用层的 FEC 码来消除高误码、长时延信道的重传，编码速率决定算法根据时变航空网络状态动态调整编码冗余，在减少传输时延的同时，保持最小的编码冗余。大量模拟实验验证了 FRUDP 能在动态的航空自组网中提供高效的可靠数据传输服务，同时也具备较好的公平性和 TCP 友好性。

|6.2　FRUDP 框架概述 |

FRUDP 的发送端与接收端控制策略都在应用层实现，在传输层使用 UDP 传输数据。与其他的传输实现相比较，FRUDP 不要求修改底层网络协议栈，具有很强的兼容性、灵活性和可移植性。其数据通信机制如图 6-1 所示。FRUDP 区别对待数据分组和控制分组。控制分组被可靠单元处理后，直接交付给 UDP 传输而不用等待更多的数据分组来编码。这样做有以下几个理由：第一，相比数据分组，控制分组对时间更加敏感，在发送前就对控制分组引入编码时延是不合理的；第二，控制分组大小通常较小，对它们来说编码的代价太大；第三，控制分组很少在较短的时间内以连续的方式发送，这意味着它们几乎没有编码的机会。

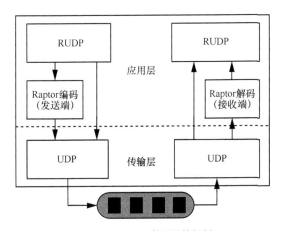

图 6-1　FRUDP 数据通信机制

FRUDP 构架如图 6-2 所示。在发送端，应用层要传输的数据被划分为多个数据分组传递到可靠单元。在可靠单元，数据分组被添加相应的分组头，如序列号、偏移量等，然后被传送到 Raptor 编码缓存。在 Raptor 编码单元，启动了一个编码定时器来收集足够多的编码分组。如果数据传输流量很大，在较短的时间内编码缓存中有足够的编码分组数，则运行 Raptor 编码，编码速率由编码速率决定单元决定。然而，如果数据传输流量很小，编码缓存中没有足够的编码分组，则

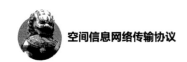
编码计时器将过期，原始的编码分组将直接传送到 UDP。然后，将生成的冗余编码分组和原始编码分组一起传递到发送缓存。在接收端，运行 Raptor 解码来恢复丢失的数据分组。如果解码过程不能恢复所有的编码分组，可靠单元将通知发送端重发丢失的编码分组来提供可靠性。接收端周期性地反馈网络信息给发送端，包括时延和分组丢失率。

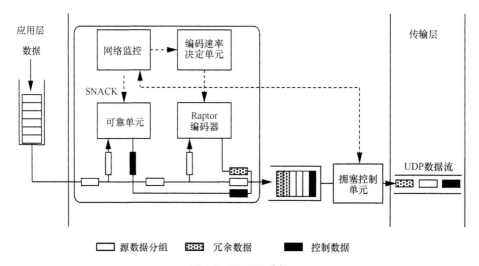

图 6-2　FRUDP 构架

在可靠单元中，FRUDP 设计了一个轻量级的反馈机制来提供更好的可靠性。改进的 SNACK 机制被用来处理航空自组网中的带宽非对称问题。SNACK 中的确认分组不仅包含接收数据分组的最高连续序列号，还包含丢失数据分组的序列号列表。此外，协议使用了一种新的滑动窗口机制，允许更精确的 RTT 计算和避免 TCP 的重传多义性问题。在该机制中，只要接收到数据分组的确认，窗口就将继续向前滑动，而不管数据分组是否被正确接收。如图 6-3 所示，当数据分组 43 为否定确认时，窗口也会继续向前滑动一个数据分组，以允许再发送一个新的数据分组。但是，由于数据分组 43 丢失了，发送端通过新的序列号 46 重传数据分组 43 的数据。接收端收到数据分组 46 后，使用数据分组的偏移量来决定这个数据分组在整个文件中的位置。通过这个方法，滑动窗口能更快地向前滑动，特别是在高分组丢失率的网络中。

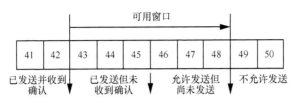

图 6-3　滑动窗口

　　在 Raptor 编码单元中，发送端必须收集足够的编码分组来进行编码。因为在可靠单元中有反馈机制，如果在传输过程中有时延，就会引起数据分组的重传，所以必须仔细选择编码定时器的取值。FRUDP 选择当前超时重传时间的一部分值来作为编码定时器的值。这样做有以下原因。

- 超时重传定时器的值设置为超时重传（Retransmission Timeout，RTO）的值，因此，编码定时器设置为 RTO 的一部分值不会引发不必要的重传。同时，RTO 是网络的一个动态参数，反映了实时网络状态。
- 航空自组网具有较长的传播时延，而 RTO 是 RTT 的倍数，用这个时间段来收集 Raptor 编码需要的编码分组是足够的。
- 如第 6.5 节所示，模拟实验结果也支持这个选择。本章的所有实验都选择当前 RTO 的 1/3 作为编码定时器的值。

本节主要阐述 TCP 延迟更新方法的基本原理。由于 TCP 数据流具有自相似性，即 TCP 数据流在开始时会采用激进的方式争夺带宽，当大量数据流进入后，瓶颈链路开始出现拥塞，链路上的所有数据流会几乎同时感知到分组丢失，但此时感知到的分组丢失至少已滞后一个 RTT 的时间，其间的分组可能已丢失。如果能够及时感知到网络中即将发生分组丢失，然后适当减小拥塞窗口或者保持当前拥塞窗口大小，便可缓解拥塞，减少分组丢失，同时保证一定的带宽利用率。

6.3　编码速率决定算法

6.3.1　预估网络分组丢失率

　　下一个数据块的编码速率和在传输该数据块时的网络分组丢失率 P_{loss} 相关。假

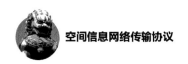
设网络分组丢失率满足高斯分布，P_{loss} 表示为

$$P_{\text{loss}} \sim N(\mu_{P_{\text{loss}}}, \sigma_{P_{\text{loss}}}^2) \qquad (6\text{-}1)$$

其中，$\mu_{P_{\text{loss}}}$ 和 $\sigma_{P_{\text{loss}}}$ 分别是均值和标准差，这两个值可以通过最近得到的 P_{loss} 来计算。

图 6-4 所示是 P_{loss} 的分布函数。根据图 6-4 可以预估传输下一个数据块时的分组丢失率。但是，这个值可能被高估或者低估。如果分组丢失率被高估，将产生不必要的冗余数据；如果分组丢失率被低估，解码又不能完全恢复出源数据，可靠单元只能重传解码不成功的数据。因此，必须将低估的概率限制在一个合理的范围内，以避免重传。我们通过在 P_{loss} 的分布函数中指定低估概率 ρ_{under} 来计算传输下一个数据块时的 P_{loss}。

$$P_{\text{loss}} = \sqrt{\sigma_{P_{\text{loss}}}^2} \, Q^{-1}(\rho_{\text{under}}) + \mu_{p_{\text{loss}}} \qquad (6\text{-}2)$$

其中，Q 函数是标准正态分布的互补累积分布函数。

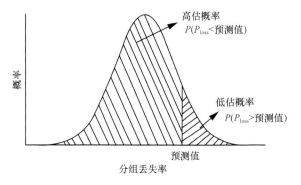

图 6-4　P_{loss} 的分布函数

6.3.2　计算解码失败概率

航空链路上误码造成的随机分组丢失可能会造成 Raptor 解码失败。

假设接收端成功接收数据分组的个数是 i，那么成功接收 i 个数据分组的概率为

$$P = (1 - P_{\text{loss}})^i P_{\text{loss}}^{n_{\text{enc}} - i} \qquad (6\text{-}3)$$

其中，n_{enc} 是在一个编码数据块中的编码分组数。

考虑 n_{enc} 个数据分组中任何 i 个分组的所有组合，那么接收端成功接收数据分

组的个数为 i 的概率为

$$P(i) = \binom{n_{enc}}{i}(1 - P_{loss})^i P_{loss}^{n_{enc}-i} \qquad (6\text{-}4)$$

现在，在给定编码分组数的情况下，使用二项分布计算数据块 b 的 Raptor 解码失败概率。

$$\delta_b(m) = P((X < n_{min}) \mid X \sim B(n_{enc}, 1 - P_{loss})) = \sum_{i=0}^{n_{min}-1} \binom{n_{enc}}{i}(1 - P_{loss})^i P_{loss}^{n_{enc}-i}, \qquad (6\text{-}5)$$

$$n_{min} = (1 + \varepsilon)k, \quad n_{enc} = n_{min} + m$$

其中，n_{min} 是成功 Raptor 解码需要的最小编码分组数，该值由信道条件决定；m 是抵抗信道误码分组丢失发送的分组丢失冗余；ε 是预设解码成功率的最小编码开销。当接收端收到的编码分组数低于 n_{min} 时，解码失败，需要重传额外的数据分组。通过叠加 i 小于 n_{min} 的各种概率，得到 Raptor 解码失败概率如式（6-5）所示。

6.3.3　确定编码速率

将最大可接受的解码失败概率表示为 δ，将其作为一个阈值来预测一个数据块是否能被解码成功。为了确保数据块在满足最大可接受的解码失败概率的同时减少冗余，m 应该被设置成使 $\delta_b(m)$ 不大于 δ 的最小整数 $m*$。因此，编码速率由式（6-6）决定。

$$c = \frac{k}{n_{min} + m*} \qquad (6\text{-}6)$$

| 6.4　拥塞控制机制 |

FRUDP 以分组丢失、时延、吞吐率信息为主要的拥塞标识，决定拥塞窗口改变的方向，然后利用时延信息决定目标窗口大小，用 Cubic 函数更新拥塞窗口大小。该机制能区分航空自组网中的网络拥塞分组丢失和链路切换分组丢失。图 6-5 所示为 FRUDP 的拥塞控制流程。

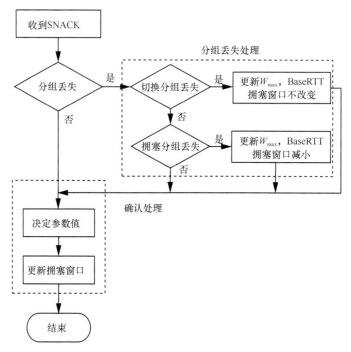

图 6-5　FRUDP 拥塞控制流程

6.4.1　处理分组丢失

当发送端接收到 SNACK，并且里面含有分组丢失序列号时，FRUDP 会进一步地判断分组丢失是由网络拥塞引起的还是由链路切换引起的。FRUDP 利用喷泉码恢复误码导致的分组丢失，因此，在可靠单元处理的只有拥塞分组丢失和链路切换分组丢失，没有误码分组丢失。

状态变量 BaseRTT 为数据分组通过网络路径时往返时延的估计值。当连接建立时，BaseRTT 更新为观测到的最小 RTT。SRTT 是 RTT 的指数平滑值，使用的是 TCP Reno[5] 的指数平滑方法。现在网络中排队的数据分组个数 diff 为

$$\text{diff} = (W/\text{BaseRTT} - W/\text{SRTT})\text{BaseRTT} \qquad (6\text{-}7)$$

其中，$W/\text{BaseRTT}$ 表示预期的吞吐率，W/SRTT 表示实际的吞吐率，diff 表示当前拥塞窗口和实际网络之间的差异，利用该变量预测网络中排队数据分组的个数。阈值 α 用来估计网络中路由器缓存的数据分组的个数。α 的初始值为 1，并随着不

断变化的网络环境而动态改变。

分组丢失原因判断：当检测到分组丢失时，发送端使用队列和吞吐率信息来决定网络是否拥塞。如果网络趋于拥塞，吞吐率肯定下降，因此，当 diff 大于 α 时，通过比较两个连续相邻 ACK 得到的吞吐率值 Thr 、last_Thr，能够进一步判断分组丢失的原因。判断分组丢失原因的算法如算法 6-1 所示。如果分组丢失是由链路切换引起的，则表示建立了一个新的链路，BaseRTT 设置为现在观测到的 RTT。如果分组丢失是由网络拥塞引起的，拥塞窗口根据式（6-8）进行减小。

$$W = W(1-\beta) \tag{6-8}$$

其中，β 是发生分组丢失时的窗口减小常量。

算法 6-1　判断分组丢失原因

输入： diff，α，β，RTT，W，Thr，last_Thr

输出： BaseRTT，w，$W_{\max}$

1: 检测到分组丢失事件；

2: $W_{\max} = W$ ；

3: **if** (diff $> \alpha$) **then**

4:　　**if** (Thr $<$ last_Thr) **then**

5:　　　　$w = w(1-\beta)$ ；

6:　　**else**

7:　　　　BaseRTT=RTT ；

8:　　**end if**

9: **else**

10:　　　BaseRTT=RTT ；

11: **end if**

6.4.2　收到数据分组确认

每收到一个 ACK，则判断当前是否处于慢启动阶段，如果当前拥塞窗口的值 W 小于慢启动阈值 $W\_threshold$ ，则处于慢启动阶段，拥塞窗口加 1；如果当前拥

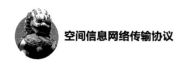

塞窗口 W 大于或等于慢启动阈值 $W\_threshold$ ，则进入拥塞避免阶段。

决定参数值：参数 α 和 W_{tar} 决定算法如算法 6-2 所示。

算法 6-2 参数决定过程

输入：diff, α, SRTT, last_SRTT, W, Thr, last_Thr

输出：W_{tar} , BaseRTT, α

1: 设置 $\alpha = 1$;

2: **if** (diff $< \alpha$ & &(SRTT $<$ last $\_$ SRTT $\|$ $\alpha==1$)) **then**

3:   $W_{tar} = W_{tar} + 1$;

4: **else if** (diff $> \alpha$) **then**

5:   **if** (SRTT $>$ last $\_$ SRTT & & $\alpha > 1$) **then**

6:    **if** (Thr>last_Thr) **then**

7:     BaseRTT=RTT;

8:    **else** $\alpha = \alpha - 1$;

9:   **else if** (SRTT $\leqslant$ last_SRTT) **then**

10:     $\alpha = \alpha + 1$;

11:   **end if**

当 diff 小于 α 时，若 SRTT 小于最后一个 ACK 时计算的平滑 RTT （ last_SRTT ）或者 α 等于 1，说明当前带宽尚未被完全利用，可适当增加目标窗口 W_{tar} 的值。若 diff 大于 α ，此时若 SRTT 大于 last_SRTT ，并且 α 大于 1，可能有两种网络状态：链路切换或者网络趋于拥塞。协议使用算法 6-1 中介绍的方法来判断具体的原因。如果 SRTT 的增加是由链路切换引起的，BaseRTT 更新为现在观测到的 RTT。否则，说明此时网络已趋于拥塞，应减小 α 的值，故取 $\alpha = \alpha - 1$ 。如果 SRTT 小于或者等于 last_SRTT ，说明此时网络状况正慢慢变好，应适当增加 α 的值，故取 $\alpha = \alpha + 1$ 。

更新拥塞窗口:FRUDP 将目标窗口 W_{tar} 视为预期的窗口大小,并采用 Cubic TCP 中的 Cubic 函数来更新拥塞窗口大小,窗口增加函数由式（6-9）定义。

$$W(t) = C(t - K)^3 + W_{\text{tar}}$$

$$K = \sqrt[3]{\frac{W_{\max}\beta}{C}}$$

(6-9)

其中，C 表示 Cubic 常数，t 表示上次窗口减少到现在所经历的实际时间，$W_{\max}$ 表示上次发生分组丢失时的拥塞窗口值，K 表示不发生分组丢失的情况下从当前拥塞窗口增长到 W_{tar} 所需要的时间。FRUDP 采用三次曲线作为拥塞窗口的增长曲线，可以保证当现在窗口和目标窗口之间的差距较大时，快速增加窗口；当现在窗口接近目标窗口大小时，缓慢增加窗口，并且在目标窗口周围稳定，直到网络状态改变。

|6.5 性能评价|

本节研究 FRUDP 的性能。首先，讨论 FRUDP 中的参数设置值；其次，进行一系列实验决定冗余编码分组个数；然后，对 FRUDP 中的拥塞控制算法进行实验分析；最后，模拟验证 FRUDP 在动态航空自组网中的性能。

实验选择 WANem 网络仿真器模拟数据分组在经过航空自组网时遭受的损伤。实验拓扑是两个或多个用户共享单个瓶颈链路的哑铃网络拓扑结构，如图 6-6 所示。

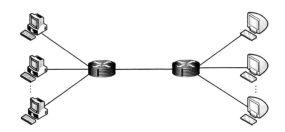

图 6-6 网络拓扑结构

6.5.1 参数设置

实验是在 Ubuntu 14.04 系统（内核 3.19.0）中实现的。客户端和服务器端配置为 Intel Core i5-3320M 处理器和 8 GB 内存。为了获得较好的协议性能，FRUDP 的参数需要设置为合适的值。

在计算编码速率之前，需要决定最小编码冗余 ε。把 Raptor 解码成功概率 τ_{succ} 设

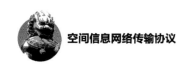
置为 0.95，在均匀分布分组丢失模式下重复实验 100 次，得到的满足解码成功的最小编码冗余值即 ε 的值。对可能的所有编码分组个数都重复上面的实验，得到对应的 ε 值。这个值是独立于网络环境的，上述得到的数据可以存储起来，在后面的实验中使用。

编码分组的大小和个数都是非常重要的参数，能够影响 Raptor 编码的性能。首先，构造模拟实验来决定编码分组的参数。实验的链路带宽设置为 10 Mbit/s，RTT 设置为 200 ms。为了达到最佳的错误恢复效果，设置编码分组大小等于数据分组大小。实验测试了 3 组固定的编码分组参数：FRUDP(1 350,16)，FRUDP(1 350,24)，FRUDP(1 350,80)，参数第一部分代表编码分组大小，参数第二部分代表编码分组个数。实验结果见表 6-1。FRUDP(1 350,16)对接收端缓存要求低，小的编码分组参数导致了较快的解码速度。但是，由于小的编码块很容易遭受突发分组丢失，所以即使编码速率会根据航空信道状态进行动态调整，很多丢失的数据分组也不能通过编码得到恢复，即会有大量的重传数据分组。FRUDP(1 350,80)编码块非常大，很多数据分组因为不能及时到达接收端会出现编码分组数量不够成功 Raptor 解码的情况，因此，FRUDP(1 350,80)会有很长的缓存占用时间和高重传率。FRUDP(1 350,24)缓存占用时间少，同时极大地减少了重传次数。因此 FRUDP(1 350,24)提供了最好的吞吐率性能。

表 6-1　不同编码分组性能比较

评价指标	FRUDP (1 350,16)	FRUDP (1 350,24)	FRUDP (1 350,80)
吞吐率/(Mbit·s⁻¹)	6.533 6	9.570 4	4.822 4
缓存占用时间/s	0	0	1.513 6
重传次数	30	2	98

实验参数具体设置见表 6-2。

表 6-2　模拟实验参数设置

参数	描述	值
P_{size}	数据分组大小/B	1 350
ρ_{under}	分组丢失率低估概率	0.05
δ	最大可接收解码失败概率	0.05
τ_{succ}	预设 Raptor 解码成功概率	0.95
s	编码分组大小/B	1 350
k	编码分组个数	24

6.5.2 分组丢失冗余分析

因为编码冗余 ε 已经在第 6.5.1 节讨论过了，本节主要分析分组丢失冗余。分组丢失冗余是抵抗误码信道的额外编码分组，以确保一定数量的编码分组能够成功传递到接收端。正确估算不同分组丢失率下传输一个数据块时可能会丢失的编码分组数至关重要，根据该参数可以预先确定每个数据块需要增加的分组丢失冗余数据分组的个数。如果分组丢失冗余太小，接收端不能以很高的概率恢复原始数据块，会使数据块的传输时延增加。分组丢失冗余太大会造成带宽浪费，总吞吐率下降。式（6-5）是计算解码失败概率的理论式，式（6-6）中 $m*$ 是满足最大可接受的解码失败概率的最小分组丢失冗余。本节中，使用模拟仿真来显示不同分组丢失率下传输一个数据块时的分组丢失数量。链路设置为 10 Mbit/s 带宽和 200 ms RTT，分组丢失率从 1% 变化到 10%。

图 6-7 记录了不同分组丢失率下数据块传输过程中丢失的编码分组数，并给出了累积分布。可以看到，当分组丢失率为 1% 时，将 m 设置为 1，可以获得 $\delta_b(m)$ 小于 δ。但当分组丢失率增加到 10% 时，需要设置 m 为 6 才能保证解码失败概率小于 δ。这个结果与式（6-5）的理论分析是一致的。

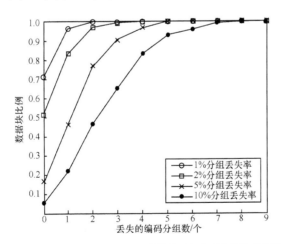

图 6-7 不同分组丢失率下的数据块传输过程中丢失的编码分组数

然后，进一步研究不同的数据块分组丢失冗余对 FRUDP 吞吐率的影响。通过图 6-8 可以看到，在各种分组丢失率条件下，吞吐率首先随着分组丢失冗余的增加而增加，并且达到峰值，此后，吞吐率将随着分组丢失冗余的进一步增加而减少。同时，随

着分组丢失率的增加，最优分组丢失冗余也会增加。这是因为当分组丢失冗余较低时，大多数情况无法恢复原始数据块，只有重传编码分组，因此传输时延增加，吞吐率减少。但是，如果分组丢失冗余很大，带宽被浪费，吞吐率也会降低。

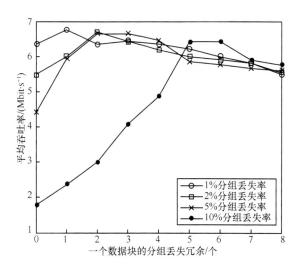

图 6-8　不同分组丢失冗余对 FRUDP 吞吐率的影响

基于理论分析和模拟实验结果，可以在不同分组丢失率下选择合适的分组丢失冗余来提高 FRUDP 吞吐率。

6.5.3　拥塞控制机制实验评价

本节评价 FRUDP 拥塞控制机制的性能。首先对不同信道条件下单条数据流的效率进行评估，然后分别在同构场景和异构场景下分析竞争流的公平性。将 FRUDP 的性能和 Cubic TCP、TCP Vegas、TCP Illinois 进行比较，它们分别是基于分组丢失的方法、基于时延的方法以及基于分组丢失和时延的混合方法。本节讨论的是拥塞控制机制，因此没有运行 Raptor 编码。

1. 单条数据流的效率

首先调查网络中只有单条数据流时 FRUDP、Cubic TCP、TCP Vegas、TCP Illinois 的效率。对于 Cubic TCP 和 TCP Illinois，实验中使用了它们默认的参数设置；对于 TCP Vegas 和 FRUDP，设置参数 $\alpha = 1$，FRUDP 中 C 和 β 的取值与 Cubic TCP 中的相同，分别为 0.4 和 0.15。

图 6-9 显示了链路带宽为 10 Mbit/s、RTT 为 200 ms 时，不同分组丢失率下各协议的平均吞吐率。从图 6-9 可以看出，所有协议的平均吞吐率都随着分组丢失率的增加而下降。在这些协议中，非编码 FRUDP 能够维持一个较高的平均吞吐率。图 6-10 显示了链路带宽为 10 Mbit/s、分组丢失率为 10%时，不同 RTT 下各协议的平均吞吐率。如图 6-10 所示，所有协议的平均吞吐率都随着 RTT 的增加而减少。在各种 RTT 条件下，非编码 FRUDP 的平均吞吐率高于其他协议。

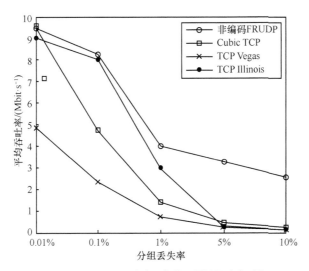

图 6-9　不同分组丢失率下各协议平均吞吐率对比

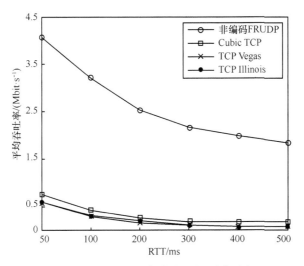

图 6-10　不同 RTT 下各协议平均吞吐率对比

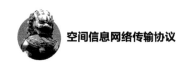

根据模拟实验结果，可以看出 FRUDP 的拥塞控制机制可以实现比其他协议更好的性能，特别是当信道具有高分组丢失率和高 RTT 时。主要原因是 Cubic TCP 采用分组丢失作为拥塞标志，当有因为误码或者链路切换引起的分组丢失时，拥塞窗口也要相应地减小，这就导致在高分组丢失的网络环境中，网络吞吐率急剧下降，并且这个问题在高 RTT 网络中会更加严重。TCP Vegas 采用队列时延作为拥塞标志。然而，实际的队列时延估计误差较大，并且采用固定参数不能适应网络环境的变化，在高分组丢失、长时延的链路上可能会出现严重的性能下降。TCP Illinois 采用分组丢失和时延混合的方法判断拥塞。即使在发生分组丢失后，仍然使用时延信息来计算拥塞窗口，这会导致窗口增长缓慢，从而降低了协议性能。FRUDP 中的拥塞控制机制能够区分具体的分组丢失原因，避免了因为误码和链路切换引起的不必要的窗口减小。因此，FRUDP 的性能高于其他协议。

2. 公平性

为了评价 FRUDP 的公平性，考虑两个不同的场景，即同构场景和异构场景。

同构场景：在这种场景中，考虑 3 个非编码 FRUDP 数据流。使用 FI 量化并评价协议的公平性，瓶颈带宽是 10 Mbit/s。图 6-11 显示了低 RTT（50 ms）和高 RTT（200 ms）时，不同分组丢失率条件下 3 条数据流的平均吞吐率。表 6-3 为图 6-11 中 3 条数据流的 FI。可以看到，在不同 RTT 和分组丢失率情况下，FRUDP 都能实现较好的公平性。

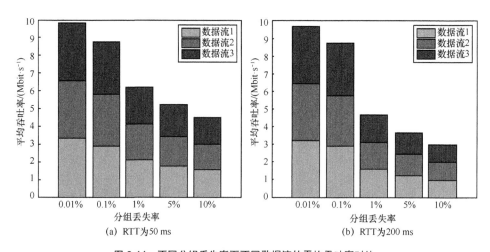

图 6-11　不同分组丢失率下不同数据流的平均吞吐率对比

表 6-3 同构场景 FI

RTT/ms	分组丢失率				
	0.01%	0.1%	1%	5%	10%
50	0.999 9	0.999 6	0.999 6	0.999 5	0.999 7
200	0.999 8	0.999 8	0.999 9	0.999 8	0.999 9

异构场景：在这种场景中，考虑两个 Cubic TCP 数据流和两个非编码 FRUDP 数据流，都通过相同类型的分组丢失链路，RTT 为 200 ms。公平性 ϕ 被定义为非编码 FRUDP 数据流的平均吞吐率 Th_x 除以 Cubic TCP 数据流的平均吞吐率 Th_y，表示为 $\phi = Th_x/Th_y$，ϕ 越接近 1，公平性越高。在图 6-12 中，可以看到 Th_x 的值远远大于 Th_y 的值，即资源没有在 Cubic TCP 和非编码 FRUDP 之间公平共享。这是因为 Cubic TCP 在高分组丢失、长时延网络中固有的问题。事实上，在图 6-12 中，$Th_y \approx Th_{cubic}$，Th_{cubic} 是当所有数据流都使用 Cubic TCP 时的平均吞吐率。这意味着非编码 FRUDP 显著提高了网络效率，而没有惩罚 Cubic TCP 数据流，Cubic TCP 数据流的性能下降是因为它本身在高分组丢失、长时延网络中的固有缺点造成的。

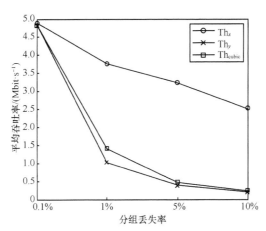

图 6-12 非编码 FRUDP 和 Cubic TCP 数据流共存时的公平性

6.5.4 动态航空自组网中的性能分析

为了研究在动态的航空自组网中 FRUDP 的性能，实验构造了一个网络条件来模拟真实的航空自组网。航空自组网信道实现为在 3 个状态之间转换的时变链路，

这 3 个状态分别为良好状态、正常状态和较差状态。然后通过调整状态参数和状态转换的时间间隔来实现一个动态航空信道。

状态参数设置见表 6-4，模拟时间为 120 s，其中 0～30 s 处于良好状态，30～60 s 处于较差状态，60～90 s 处于正常状态，90～120 s 处于较差状态。P_{loss} 为网络分组丢失率，在实验过程中，该参数可调节。

表 6-4　动态航空自组网状态参数设置

参数	良好状态	正常状态	较差状态
带宽/(Mbit·s^{-1})	10	10	10
RTT/ms	50	100	200
分组丢失率	0.5 P_{loss}	P_{loss}	2 P_{loss}

1.　Raptor 码对协议性能的影响

为了研究 Raptor 码对协议性能的影响，在上面的实验场景中将 FRUDP 使用 Raptor 编码和不使用 Raptor 编码时的协议性能进行了比较。图 6-13 显示了网络分组丢失率分别为 1%、5%和 10%时，FRUDP 使用 Raptor 编码和不使用 Raptor 编码时的平均吞吐率对比。可以看到，FRUDP 能很好地适应动态网络环境，同时当使用 Raptor 编码时，吞吐率性能显著提高，特别是在高分组丢失网络环境。非编码 FRUDP 需要重传丢失的数据分组，导致了频繁的重传和性能下降。FRUDP 使用 Raptor 编码作为应用层的 FEC 码恢复丢失的数据和避免重传，在高分组丢失、长时延网络中可以显著提高性能。

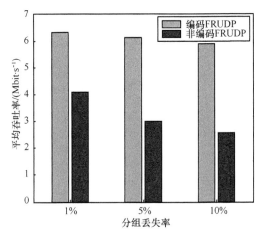

图 6-13　不同分组丢失率下，非编码 FRUDP 和编码 FRUDP 的平均吞吐率对比

2. 与其他基于喷泉码的协议的性能对比

本节比较 FRUDP 和基于喷泉码的多径传输协议 FMTCP 的性能。选择 FMTCP 的原因如下：① FMTCP 可以采用任何拥塞控制机制。因此，为了比较公平性，两个协议使用相同的拥塞控制机制。② FMTCP 是基于 TCP 的，在单路径网络中，喷泉码的作用是用来避免重传，这和喷泉码在 FRUDP 中的作用一样。作者研究了这两个协议在开销和吞吐率方面的性能。使用图 6-6 所示的网络拓扑。模拟参数的设置见表 6-4，P_{loss} 设置为 0.1。开销包括用于错误纠正的数据分组开销 OH_{data} 和用于连接管理及确认的控制分组开销 $OH_{control}$。

$$OH_{data} = \frac{n_{red}}{n_{pkt} + n_{red}}$$

$$OH_{control} = \frac{n_{control}}{(n_{pkt} + n_{red})p_{size} + n_{control}} \tag{6-10}$$

其中，n_{pkt} 是原始数据分组的个数，n_{red} 是冗余数据分组的个数，包括编码冗余和分组丢失冗余，$OH_{control}$ 是控制分组的字节数，$n_{control}$ 是控制数据分组的字节数。除了数据分组之外的所有分组都是控制分组。实验结果见表 6-5。

开销是评价网络协议的一个重要性能指标。FRUDP 和 FMTCP 的开销几乎是相同的，见表 6-5。FRUDP 有相对低的控制分组开销，但是有相对高的数据分组开销。相比 FMTCP，FRUDP 使用的 SNACK 机制减少了确认控制分组的数量，但是，为了避免重传，FRUDP 将分组丢失率的低估概率限制在了一个范围内，分组丢失率的估计相对 FMTCP 较高。因此，FRUDP 会比 FMTCP 发送更多的编码分组，这就导致了较大的数据分组开销。

表 6-5　FRUDP 与 FMTCP 性能比较

性能指标	FRUDP	FMTCP
数据分组开销	0.586 2	0.507 2
控制分组开销	0.045 4	0.052 7
吞吐率/(Mbit·s^{-1})	5.91	5.68

从表 6-5 可以看到，虽然 FRUDP 的数据分组开销大于 FMTCP 的数据分组开销，但是，FRUDP 能够取得比 FMTCP 更大的吞吐率。FMTCP 使用喷泉码提供错误纠正，可能因为在动态网络中不正确地估计实际分组丢失率，导致吞吐率下降。随着

分组丢失率和端到端时延的增加，这种现象会变得更加明显。另外，FRUDP 进一步地优化了分组丢失率估计，从而减少了重传次数，提高了吞吐率。

| 6.6 小结 |

本章针对航空自组网的特性，提出了一种可靠 UDP 和喷泉码相结合的高效可靠传输协议 FRUDP。该协议利用 Raptor 码作为应用层 FEC 码恢复丢失的数据，以避免重传，Raptor 码的编码参数作为控制变量，以适应时变航空网络状态，改进的 SNACK 机制用来解决航空自组网中的带宽非对称问题，拥塞控制机制能很好地区分拥塞分组丢失和链路切换分组丢失。协议完全在 Linux 环境中实现，不需改变底层网络协议栈的实现，并在模拟网络环境中进行实验。实验结果表明，在动态的航空自组网环境中，FRUDP 优于其他基于喷泉码的传输协议，能在航空自组网中提供高效的可靠数据传输服务。

| 参考文献 |

[1] JAHN A, HOLZBOCK M, MULLER J, et al. Evolution of aeronautical communications for personal and multimedia services[J]. IEEE Communications Magazine, 2003, 41(7): 36-43.

[2] ERCETIN O, BALL M O, TASSIULAS L. Modeling study for evaluation of aeronautical broadband data requirements over satellite networks[J]. IEEE Transactions on Aerospace & Electronic Systems, 2005, 41(1): 361-370.

[3] KARRAS K, KYRITSIS T, AMIRFEIZ M, et al. Aeronautical mobile ad hoc networks[C]// EW 2008: European Wireless Conference. Piscataway: IEEE Press, 2008: 1-6.

[4] SAKHAEE E, JAMALIPOUR A, KATO N. Aeronautical ad hoc networks[C]// IEEE Wireless Communications and Networking Conference. Piscataway: IEEE Press, 2006: 246-251.

[5] FLOYD S, HENDERSON T. The new Reno modification to TCP's fast recovery algorithm[J]. RFC, 2012, 345(2): 414-418.

基于喷泉码的多径可靠传输协议

随着航空自组网中通信流量的不断增长，出现了很多航空通信技术。比如，甚高频数据链路（Very High Frequency Data Link，VDL）、L 频段数字航空通信系统、多跳自组织网络等。由于航空网络环境恶劣，如信道误码率高、网络拓扑高度动态性、传输时延大和时变信道等，使用单一的航空通信系统来提供可靠、高效的数据传输服务面临着巨大的挑战。而现在的民用客机通常配备多个高级的网络接口，它们可以在航空自组网中的任意两个节点间形成多个独立的通信路径。因此，用户希望当前的航空通信可以同时利用多个飞机接口来提供数据传输服务。本章研究航空自组网中多径可靠传输协议。

| 7.1 引言 |

在第 6 章的基础上，本章针对航空自组网异构多径的特性，研究适用于航空自组网的多径可靠传输协议。

传统的传输方法（如传 TCP 或 UDP）不支持多径特性。现有的多径传输协议没有考虑航空自组网的特性[1-3]，也没有考虑航空自组网中不同目标应用的特点。为了满足异构航空自组网的需求，在本章中，提出了一种多径可靠传输协议 AeroMRP，该协议同时利用多个航空网络提供可靠和高效的数据传输服务。首先，Raptor 码作为 FEC 机制来消除高分组丢失、长时延网络中的重传，同时也减轻多径网络中的线头阻塞问题。其次，结合航空应用和时变航空网络的特点，提出了一种新的编码速率选择算法，在传输过程中动态调整 Raptor 编码冗余度。最后，设计了一种基于反馈的数据分组调度机制来协调多径传输，该机制不仅考虑了航空网络状态，还充分考虑了拥塞控制机制中的确认信息。仿真实验表明，AeroMRP 在异构多径的航空自组网中具有较高的吞吐率，同时保持较低的网络开销，提供了高效的可靠数据传输服务。

|7.2 AeroMRP 框架概述 |

AeroMRP 的目标是在异构多径的航空自组网中提供可靠、高效的数据传输服务。为了达到这个目标，AeroMRP 同时使用了多个航空网络接口。在 AeroMRP 中，Raptor 码用来恢复分组丢失，以避免高分组丢失、长时延网络中的重传，同时也用来解决异构多径网络中的线头阻塞问题。考虑到航空应用特点和航空信道状态，编码速率参数在传输过程中实时调整。数据分组调度单元用来协调多径传输。表 7-1 列出了本章中常用的一些关键符号。

表 7-1   本章常用关键符号描述

参数	描述
s	编码分组大小（字节）
k	编码分组个数
ρ_{under}	分组丢失率低估概率
δ	最大可接收解码失败概率
τ_{succ}	预设 Raptor 解码成功概率

AeroMRP 协议构架（发送端）如图 7-1 所示。在发送端，应用层数据被分成很多数据块，放入发送端缓存作为 Raptor 编码的输入，编码后的数据块通过多条子数据流（子流）进行传输。当某条子流请求发送数据时，发送端应该为其分配一个数据分组。当发送缓存有足够多的数据时，运行 Raptor 编码，编码速率由编码速率选择单元决定。然而，如果流量很小，发送缓存中没有足够的编码分组，则编码计时器将过期，原始的编码分组将直接传送。然后，将生成的编码分组封装到数据分组中，由数据分组调度单元选择一条子流进行发送。

每条子流使用 UDP 进行数据传送，同时使用一种轻量级的反馈机制来提供可靠性。第 6.2 节提出的 SNACK 机制和新型滑动窗口机制分别用来处理航空自组网中的带宽非对称问题和允许更加精确的 RTT 计算。另外，第 7.4 节描述的分组丢失区分算法用来区分航空自组网中的拥塞分组丢失和链路切换分组丢失。第 6.5.3 节显示，当在动态航空自组网中使用该分组丢失区分算法后，协议的吞吐率相比其他存在的算法得到了很大的提升。

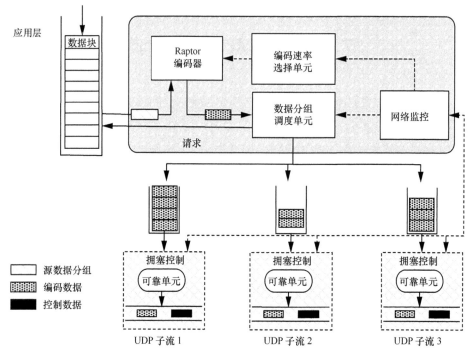

图 7-1　AeroMRP 协议构架（发送端）

在接收端，AeroMRP 从多条子流接收数据分组，运行 Raptor 解码来恢复原始的数据分组。然后，解码的数据块被传送到应用层，并从接收端缓存移除。接收端周期性地反馈网络信息给发送端，包括时延和分组丢失率。

虽然公平性是多径传输协议中的一个重要问题，但这里我们并没有对它进行研究，原因如下：① 多径传输的公平性仍然是一个开放的问题，需要根据不同的网络拓扑进行进一步的研究。在我们的实验中，只使用具有不相交路径的网络拓扑，公平性不会受到拥塞控制算法的影响。② 目前已经提出了很多方案来解决多径传输协议中的公平性问题。这些方案可以灵活地集成到 AeroMRP 协议中。

|7.3　基于航空应用类型的编码速率选择算法|

本节在 Raptor 码的编码冗余基础上，基于不同的航空应用类型和 Raptor 编码的特性研究编码速率。

7.3.1　基于可变分组丢失范围计算解码失败概率

假设网络分组丢失率满足高斯分布 $N(\mu, \sigma^2)$，该分布由均值和标准差表示。

根据第 6.3.1 节，下一个数据块的分组丢失率可以使用 Q 函数来更加精确地预估。

$$P_{\text{loss}} = \sqrt{\sigma^2} Q^{-1}(\rho_{\text{under}}) + \mu \tag{7-1}$$

其中，Q 函数是标准正态分布的互补累积分布函数，ρ_{under} 是分组丢失率的低估概率。在实验中，通过限制 ρ_{under} 在一个合理的范围来避免重传。

接下来，考虑到不同的航空应用分组丢失范围可能不一样，计算在可能的分组丢失范围内分组丢失的编码分组个数为 l 的概率。

$$P(l) = \binom{N_{\text{total}}}{l} P_{\text{loss}}^l (1 - P_{\text{loss}})^{N_{\text{total}} - l} \tag{7-2}$$

其中，N_{total} 是分组丢失范围内的编码分组个数。数据块 b 的 Raptor 解码失败概率为

$$\varphi_{\text{b}}(N_{\text{loss}}) = P((X > N_{\text{loss}}) \mid X \sim B(N_{\text{total}}, P_{\text{loss}})) =$$
$$\sum_{l > N_{\text{loss}}} \binom{N_{\text{total}}}{l} P_{\text{loss}}^l (1 - P_{\text{loss}})^{N_{\text{total}} - l} \tag{7-3}$$

其中，N_{loss} 是抵抗信道随机误码的追加编码分组个数，$B(N_{\text{total}}, P_{\text{loss}})$ 是参数为 N_{total} 和 P_{loss} 的二项分布。当在不大于 N_{total} 的范围内丢失的编码分组个数大于 N_{loss} 时，解码将会失败。

7.3.2　讨论 N_{total} 的取值

为了使编码速率足够小，基于不同的航空应用类型分两种情况讨论 N_{total} 的取值。

（1）延迟敏感应用

延迟敏感应用（如确保航班速度、效率和安全性的航空流量控制通信）对实时性的要求最高。为了解码数据，接收端没有必要等待很多个 RTT 时间。因此，数据块的大小应该设置为能在一个 RTT 内传输完，以获得最小的传输时延。也就是说，N_{total} 应该是指一个编码数据块中的编码分组个数，包括原始的编码分组个数和冗余

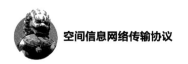
的编码分组个数。N_{total} 表示为

$$N_{\text{total}} = k(1+\varepsilon) + N_{\text{loss}} \qquad (7\text{-}4)$$

其中，$k(1+\varepsilon)$ 是接收端成功解码需要的最小编码分组个数，k 是原始编码分组个数。

（2）延迟容忍应用

延迟容忍应用（如 Web 浏览、电子邮件和其他航空乘客通信）用户对吞吐率的要求较高。因此，数据块的大小应该设置为足够大，以获得较高的吞吐率。因为改进的 SNACK 机制中的确认数据分组不仅指定了接收数据分组中的最高连续序列号，还指定了丢失数据分组的序号列表，所以丢失的数据分组在一个 RTT 后能够通过 SNACK 检测到并且重传。因为一个数据块会经历很多个 RTT 才能够发送完，所以除了最后一个 RTT 丢失的数据分组，其他丢失的数据分组都能够在该数据块发送完之前完成重传。也就是说，在该数据块传输过程中，只有在最后一个 RTT 传输的数据分组可能会丢失。因此，冗余也只需要考虑在最后一个 RTT 内丢失的数据分组，该值只能小于，最多等于现在的拥塞窗口大小。N_{total} 的计算也是基于拥塞窗口大小，该值远远小于 $k(1+\varepsilon)$。N_{total} 表示为

$$N_{\text{total}} = w + N_{\text{loss}} \qquad (7\text{-}5)$$

其中，w 是现在的拥塞窗口大小。

7.3.3　选择编码速率

根据不同的航空应用类型确定 N_{total} 的取值后，接下来确定分组丢失冗余。为了确保数据块能被成功解码，同时减少冗余，N_{loss} 应该被设置成使得 $\varphi_{\text{b}}(N_{\text{loss}})$ 不大于 δ 的最小整数 N_{loss}^*。最后，编码速率表示为

$$c = \frac{k}{k(1+\varepsilon) + N_{\text{loss}}^*} \qquad (7\text{-}6)$$

▎7.4　基于反馈的数据分组调度机制 ▎

数据分组调度机制分配数据分组到多个子流，使整个数据块的传输时延最

小，同时保持较高的解码成功率。数据分组是通过多个子流传输的，如果没有停等机制的话，它们可能无序地到达接收端。同一个数据块的编码分组到达接收端可能是不连续的。比如，数据块 n 的某一个编码分组到达接收端，但这时数据块 n 的解码失败率高于预先设定的可接受解码失败率阈值，该编码分组放置在接收缓存等待解码。接着，数据块 $n+1$ 的编码分组到达接收端，该分组也只能在接收缓存等待。在这样的情况下，接收这些数据块将产生很多额外的时延。此外，还需要一个很大的接收缓存来放置这些不按数据块顺序到达的编码分组。因此，为了获得数据块最小传输时延，该数据块第一个编码分组和最后一个编码分组的到达时间差必须最小。为了满足这个要求，数据块调度算法必须满足以下两个条件。

- 数据块必须按顺序发送。如图 7-2 所示，当数据块 n 成功解码所需的编码分组全部发送完毕后，才能发送数据块 $n+1$ 的编码分组。
- 编码分组必须分配到具有最小期望分组到达时间的子流，以实现按序发送。

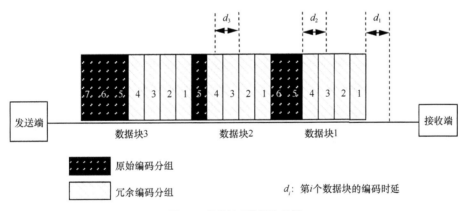

图 7-2　传输编码数据块示例

7.4.1　计算期望分组到达时间

在计算期望分组到达时间时，应该考虑拥塞控制机制中的反馈信息和航空信道参数。这个反馈信息主要是指接收端发送的 SNACK 信息，航空信道参数包括带宽、时延、分组丢失率等。

定义 1：当数据分组在子流 f 上传输时，发送端接收到该数据分组 SNACK 的

时间被定义为确认到达时间（ACK_AT）。

在 AeroMRP，不管数据分组是否被成功接收，都会在一个 RTT 后得到确认。给出数据分组发送时间 t_{send}，可以计算 ACK_AT。

$$\text{ACK\_AT} = t_{send} + \text{RTT}_f \tag{7-7}$$

其中，RTT_f 是子流 f 的指数级平滑 RTT，计算方法和 TCP Reno 中的方法一样。

定义 2：子流 f 的队列时延（QD）被定义为发送完所有发送缓存中的数据分组经历的时间 t_{buff} 和等待子流 f 拥塞窗口打开所经历的时间 t_{win} 之和。

QD 表示为

$$\text{QD} = t_{buff} + t_{win} \tag{7-8}$$

t_{buff} 可以通过数据分组大小 P_{size} 除以可用带宽 B 得到。假设所有的数据分组具有相同的大小，n 是指该子流发送缓存中数据分组的个数。如果 n 为 0，则 t_{buff} 为 0。t_{buff} 表示为

$$t_{buff} = \begin{cases} n\dfrac{P_{size}}{B}, & n > 0 \\ 0, & n = 0 \end{cases} \tag{7-9}$$

如果拥塞窗口不为 0，t_{win} 就等于 0。否则，t_{win} 由 ACK_AT 以及现在时间 t_{now} 得到。基于式（7-7），t_{win} 表示为

$$t_{win} = \begin{cases} \text{ACK\_AT} - t_{now}, & w_f = 0 \\ 0, & w_f > 0 \end{cases} \tag{7-10}$$

其中，w_f 是子流 f 的拥塞窗口大小。

定义 3：考虑子流 f 的分组丢失率 p_f，在数据分组被发送端成功发送之前会有一些失败的尝试。当 QD 为 0 时，数据分组被发送端成功发送所经历的时间被定义为等待传输时延（Waiting Transmission Delay, WTD）。

$h(i)$ 表示在数据分组成功发送之前有 i 次失败的概率。

$$h(i) = p_f^i(1 - p_f) \tag{7-11}$$

RTT_f 表示一次失败等待的时间。以此类推，当数据分组被连续失败发送 n 次时，等待时间则为 $n \times \text{RTT}_f$。因此，WTD 的计算式为

$$\begin{aligned}
\text{WTD} &= \text{RTT}_f h(1) + 2\text{RTT}_f h(2) + \cdots + n\text{RTT}_f h(n) + \cdots = \\
&\quad \text{RTT}_f(h(1) + 2h(2) + \cdots + nh(n)) + \cdots = \\
&\quad \text{RTT}_f(1-p)(p + 2p^2 + 3p^3 + \cdots + np^n) + \cdots \approx \\
&\quad \text{RTT}_f(1-p)\frac{p}{(1-p)^2} = \\
&\quad \text{RTT}_f\frac{p}{1-p}
\end{aligned} \tag{7-12}$$

定义 4：子流 f 的子流代价指标（SCI）被定义为数据分组被成功发送到接收端经历的时间。联合式（7-7）～式（7-12），SCI 表示为

$$\text{SCI} = \text{QD} + \text{WTD} + \frac{\text{RTT}_f}{2} \tag{7-13}$$

7.4.2　分配数据分组到子流

当某条子流拥塞窗口不为 0 时，子流会请求发送数据，一个数据分组将会被分配给该子流。图 7-3 展示了数据分组调度算法的流程。SCI 用来比较各子流的期望数据分组到达时间。

当子流 i 请求数据时，就触发了数据分组调度算法。为了按序传送数据分组，首先给具有最小 SCI 的子流 j 分配数据，而不管子流 j 是否有可用窗口。接着，在发送缓存中搜索序列号最小，并且还不够成功解码条件的数据块 b。如果数据块 b 存在，Raptor 编码会产生数据块 b 的编码分组，并且封装到子流 j 的数据分组中。然后，更新子流 j 的 SCI 值。如果这时子流 j 的拥塞窗口为 0，数据分组会在子流 j 的发送缓存中排队，不会被发送，算法会继续搜索 SCI 值最小的子流。如果子流 j 的拥塞窗口不为 0，将会立即发送数据分组。也就是说，只有当请求子流就是 SCI 值最小的子流时，请求子流才能最终发送数据。

该调度算法确保了数据块按序发送且数据分组被分配到具有最小 SCI 的子流进行发送。因此，数据块会按序到达接收端，且相同数据块第一个编码分组和最后一个编码分组的到达时间差最小。前面数据块不会占用接收缓存太长时间，不会影响后续数据块的接收。因此，整个数据块的传输时延就减小了。调度算法能够缓解线头阻塞问题，同时能充分利用所有子流的传输能力，而不是阻止相互之间的传输。

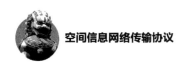

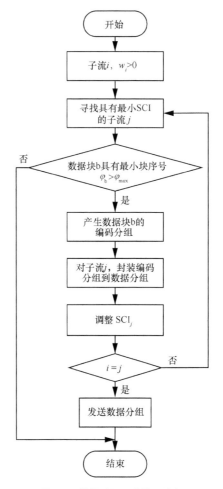

图 7-3　数据分组调度算法流程

通过把反馈信息引入 SCI 的计算，并且在数据分组分配过程中实时调整 SCI 的值，接收端和发送端被看作一个整体调度系统。该机制被称为基于反馈的调度机制，它使得数据分组的调度更加灵活和高效。

| 7.5　仿真评价 |

本节用网络模拟器 3（Network Simulation 3，NS3）[4]评估 AeroMRP 的协议性能。首先，讨论了 AeroMRP 中的参数设置值；其次，进行了一系列实验决定冗余编码分组个数；然后，对 AeroMRP 中提出的基于反馈的数据分组调度算法进行了实验分析；最后，模拟验证了 AeroMRP 在异构多径航空自组网中的性能。

模拟实验拓扑如图 7-4 所示，发送端和接收端通过 N 条不相交的路径连接在一起。MAC 层使用的是一个简单的 TDMA 方案，这与当前很多航空自组网项目是一致的。

按照第 6.5.1 节 Raptor 编码参数设置方法，为不同的编码分组个数确定了最小编码开销 ε 的值。同时，把编码分组大小 s 设置为数据分组大小。当 s 值固定时，k 值越大，最小编码开销就越小，吞吐率就越大，但是传输时延和编码、解码的复杂性将增加。对于一些实时航空应用，优选的是较小的 k 值，因为它对接收缓存的要求低，解码速度快。但是，即使编码速率会根据航空网络状态动态调整，但是当出现突发分组丢失情况时，较小的 k 值也不能恢复所有丢失的数据分组。因此，实验会根据航空应用的特点，仔细选择这些参数，以达到较好的协议性能。

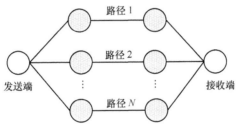

图 7-4　模拟实验拓扑

实验参数具体设置见表 7-2。

表 7-2　实验参数设置

参数	参数取值
P_{size}	1 350
ρ_{under}	0.05
δ	0.05
τ_{succ}	0.95
s	1 350

7.5.1　不同类型航空应用分组丢失冗余分析

根据第 6.5.2 节的分析，正确估算分组丢失冗余对协议性能有着至关重要的作

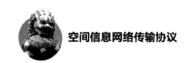

用。在第 7.3 节，推导出了式（7-3）来计算解码失败概率，并根据式（7-3）讨论了针对不同类型航空应用的分组丢失冗余。在本节中，使用仿真实验来讨论不同类型航空应用的分组丢失冗余。实验设置 $N = 2$，接收缓存大小为 256 KB。因为 Raptor 解码是以数据块为单位执行的，所以接收缓存至少要能缓存一个数据块中的所有编码分组。两条子流设置为 10 Mbit/s 带宽和 100 ms RTT，子流 1 的分组丢失率为 0.1%，子流 2 的分组丢失率从 0.1% 变化到 10%。

图 7-5 记录了当 k 设置为 16 和 128 时，数据块传输过程中丢失的编码分组数，并给出了累积分布。我们认为，当 k 为 16 时，数据块大小和拥塞窗口大小相比非常小，这种情况代表的是延迟敏感航空应用；当 k 为 128 时，数据块大小远远大于拥塞窗口大小，这种情况代表的是延迟容忍航空应用。图 7-5（a）记录了在传输整个数据块时丢失的编码分组数。可以看到，当子流 2 的分组丢失率不大于 5% 时，将 N_{loss} 设置为 1，可以保证解码失败概率小于 δ。但当子流 2 的分组丢失率增加到 10% 时，需要设置 N_{loss} 为 2 才能保证成功解码。图 7-5（b）只记录了在最后一个 RTT 传输过程中丢失的编码分组数。当子流 2 的分组丢失率为 0.1% 时，即使没有分组丢失冗余也可以保证成功解码；但是当子流 2 的分组丢失率增加到 10% 时，也需要设置 N_{loss} 为 2 才能使解码成功。这个实验结果与式（7-3）的理论分析是一致的。

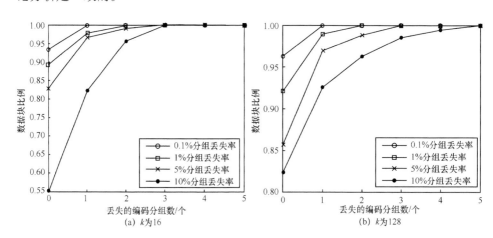

图 7-5　数据块传输过程中丢失的编码分组数

然后，进一步研究不同的数据块分组丢失冗余对平均数据块时延和吞吐率的性能影响。图 7-6 显示了当 k 为 128 时，不同分组丢失冗余下 AeroMRP 的平均数据块时延和平均吞吐率。因为接收端以数据块为单位解码数据，所以实验中的时延指的是以数据块为单位的传输时延。从第一个编码分组被传送到数据块并成功解码所经历的时间被定义为数据块传输延迟。在图 7-6（a）中，在各种分组丢失率条件下，当分组丢失冗余很小时，平均数据块时延会随着分组丢失冗余的增加而下降。但是当分组丢失冗余较大时，平均数据块时延反而会随着分组丢失冗余的增加而增大。从图 7-6（b）可以看到，在开始阶段，在各种分组丢失率条件下，平均吞吐率都会随着分组丢失冗余的增加而增加。但是，当吞吐率增加到一个峰值后，它会随着分组丢失冗余的进一步增加而减少。这是因为当分组丢失冗余较低时，大多数情况无法恢复原始数据块，只能重传编码分组，因此数据块传输时延增加，吞吐率减少。但是，如果分组丢失冗余很大，带宽会被浪费，数据块传输时延会增加，吞吐率也会降低。当 k 为 16 时，能够得到相同的结论。

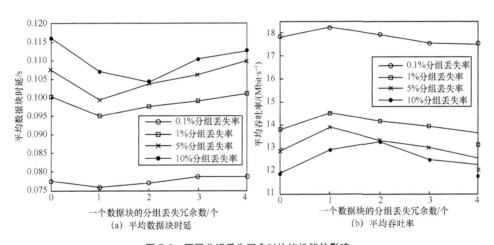

（a）平均数据块时延 （b）平均吞吐率

图 7-6 不同分组丢失冗余对协议性能的影响

基于理论分析和仿真实验结果，就可以在不同分组丢失率下为不同类型的航空应用选择合适的分组丢失冗余，减小数据块传输延迟，提高 AeroMRP 的吞吐率。

7.5.2 基于反馈的数据分组调度机制实验评价

本节研究数据分组调度机制的性能。基于反馈的数据分组调度机制和传统的轮询（Round-Robin）[5]机制以及 FMTCP 中的调度机制进行实验比较。

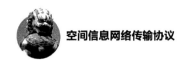

在实验中，设置 $N=2$，接收缓存大小为 256 KB。子流 1 设置为 10 Mbit/s 带宽、100 ms RTT 和 0.1%分组丢失率。子流 2 设置为 10 Mbit/s 带宽，RTT 分别为 100 ms 和 300 ms，分组丢失率从 0.1%变化到 10%。不同路径的异构性通过调整子流 2 的分组丢失率和 RTT 来模拟。实验设置 $k=128$，调查时延容忍航空应用在不同数据分组调度机制下的平均数据块传输时延和吞吐率。对时延敏感的航空应用，可以得到相同的实验结论。

图 7-7 显示了当子流 2 的 RTT 分别为 100 ms 和 300 ms 时，子流 2 在不同分组丢失率下 3 种调度机制对吞吐率的影响。从图 7-7（a）可以看到，当两条子流有相同的端到端时延时，在子流 2 不同的分组丢失率下，这 3 种调度机制的平均吞吐率相差都不大。图 7-7（b）显示，当子流 2 的 RTT 为 300 ms 时，AeroMRP 的调度机制相比其他两种调度机制，有效地提高了吞吐率。这意味着当两条子流的时延相同时，调度在提高吞吐率性能方面作用不大，但是当子流 2 的时延和子流 1 的时延相差很大时，调度在提高吞吐率方面起着非常重要的作用。轮询机制选择一条子流后，再选择另外一条子流。因为所有子流之间的调度是平等的，所以该机制确保了网络中所有路径都被充分利用。但是，这不是真正意义的轮询机制。比如，如果所有子流的拥塞窗口都被填满了，则只有当某条子流的拥塞窗口打开时，才可以为其分配数据分组。此外，在无序到达的数据分组被提交到上层应用之前，这些数据分组需要在接收端缓存中排队，因此轮询机制还可能引入线头阻塞问题。FMTCP 中的调度机制能有效解决乱序问题。但是，随着分组丢失率增加，TCP 拥塞控制的 AIMD 机制会使拥塞窗口快速减小，吞吐率急剧下降。AeroMRP 的基于反馈的调度机制能确保数据块按序到达接收端，减少了整个数据块的传输时延，同时，AeroMRP 的分组丢失区分算法能够区分拥塞分组丢失和链路切换分组丢失，当分组丢失率很大的时候，拥塞窗口不会快速减少。因此，当网络中分组丢失率很大时，基于反馈的调度机制不会被拥塞窗口的大小限制，能达到较高的吞吐率性能。

表 7-3 表示当子流 2 的 RTT 为 100 ms，分组丢失率从 0.1%变化到 10%时，3 种调度机制下每条子流的使用百分比。可以看到，当两条子流具有相同的路径质量时，流量在这两条子流之间平均分配，在 3 种调度机制下，子流 1 和子流 2 的使用百分比几乎一样。随着子流 2 分组丢失率的增加，轮询机制仍然在子流间平均分配流量，低质量的路径将会影响高质量的路径，使得整体吞吐率降低。然而，AeroMRP

和 FMTCP 的调度机制将分配更多的流量给高质量路径，所以这两种调度机制的整体吞吐率都得到了提高。相比 FMTCP，AeroMRP 能在分组丢失率较大时维持更大的拥塞窗口，取得更高的吞吐率。

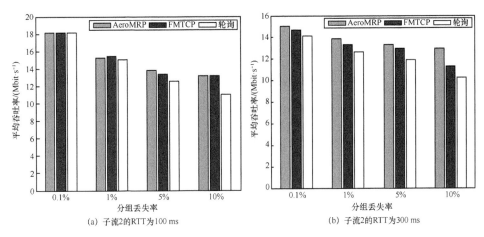

图 7-7　子流 2 不同分组丢失率下平均吞吐率比较

表 7-3　每条子流的使用百分比

调度机制	0.1%分组丢失率		1%分组丢失率		5%分组丢失率		10%分组丢失率	
	子流 1	子流 2	子流 1	子流 2	子流 1	子流 2	子流 1	子流 2
AeroMRP	0.52	0.48	0.58	0.42	0.62	0.38	0.7	0.3
FMTCP	0.52	0.48	0.58	0.42	0.61	0.39	0.68	0.32
轮询	0.52	0.48	0.55	0.45	0.57	0.43	0.58	0.42

图 7-8 展示了在子流 2 的 RTT 为 100 ms、分组丢失率动态变化的环境下，3 种调度机制的吞吐率对比。在初始阶段，子流 2 的分组丢失率设置为 0.1%。在 40 s 时，子流 2 的分组丢失率急速上升至 10%。在 120 s 时，子流 2 的分组丢失率又下降到 1%。显然，当子流 2 的分组丢失率变化很大时，AeroMRP 和 FMTCP 的调度机制比轮询机制性能更好。由于线头阻塞问题，轮询机制的吞吐率在子流 2 的分组丢失高峰下严重下降。在 50～130 s 之间，AeroMRP 的吞吐率高于 FMTCP 的吞吐率，这是 FMTCP 在高分组丢失率网络中的缺点造成的。AeroMRP 的调度机制能很好地适应分组丢失率的变化，吞吐率也更稳定。

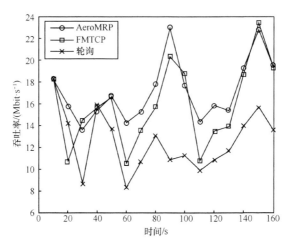

图 7-8　子流 2 动态分组丢失率下吞吐率比较

　　图 7-9 显示了当子流 2 的分组丢失率为 10%时，在子流 2 有不同 RTT 时，3 个调度机制的平均数据块传输时延。从图 7-9 可以看到，随着 RTT 增加，3 个调度机制的数据块传输时延也在增加。当两条子流 RTT 差别较大时，轮询机制能带来线头阻塞问题，因此数据块传输时延会增加。FMTCP 的调度机制会导致频繁的数据分组重传，也会增加数据块传输时延，特别是在两条子流的传输时延差较大时。而 AeroMRP 的基于反馈的调度机制一直维持着相对较低的平均数据块传输时延。这表明了基于反馈的调度机制在具有大时延差异的异构多径网络中具有明显优势。因此，AeroMRP 的调度机制适合于异构多径航空自组网。

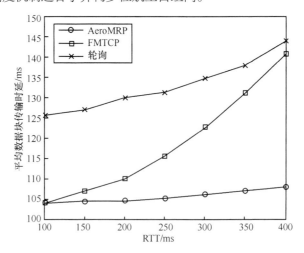

图 7-9　子流 2 不同 RTT 下平均数据块传输时延比较

7.5.3　多径航空自组网中的性能分析

为了研究在异构多径航空自组网中 AeroMRP 的性能,实验构造了一个网络条件来仿真真实的多径航空自组网。

在航空自组网中任意节点间能建立多条通信路径。在实验中,发送端和接收端之间建立 3 个独立的通信路径,分别使用地–空链路、基于航空卫星的链路和多跳自组织链路。这 3 条路径具有不同的特性:使用地–空链路的路径具有高带宽、低时延特性,使用航空卫星链路的路径具有低带宽和高时延特性,使用多跳自组织链路的路径具有极高的动态性。实验通过模拟一个在 3 个状态之间转换的时变链路来实现多跳自组织链路的动态性,这 3 个状态分别为良好状态、正常状态和较差状态。然后,通过调整状态参数和状态转换的时间间隔来实现一个动态异构多径航空信道。表 7-4 描述了这 3 条路径的参数设置,路径 A、路径 B 和路径 C 分别代表使用地–空链路的路径、使用航空卫星链路的路径和使用多跳自组织链路的路径。分组丢失率 P_{loss} 是一个变量,$0.5 P_{loss}$、P_{loss} 和 $2 P_{loss}$ 分别代表良好状态、正常状态和较差状态的分组丢失率。模拟时间为 120 s。路径 A 和路径 B 一直处于正常状态,路径 C 在 3 个状态之间转换,其中 0~30 s 处于良好状态,30~60 s 处于较差状态,60~90 s 处于正常状态,90~120 s 处于较差状态。

1. Raptor 码对协议性能的影响

为了进一步研究 Raptor 码对协议性能的改进,在上面的多径实验场景中将 AeroMRP 使用 Raptor 编码和不使用编码时的吞吐率性能进行了比较。图 7-10 显示了当 P_{loss} 为 1%、5% 和 10% 时,AeroMRP 使用 Raptor 编码和不使用编码时的吞吐率。

从图 7-10 可以看到,AeroMRP 能很好地适应动态多径网络环境,同时当使用 Raptor 编码时,吞吐率性能显著提高,特别是在高分组丢失网络环境中。非编码 AeroMRP 必须重传丢失的数据分组,在高分组丢失网络中,频繁的重传将导致严重的性能下降。此外,低质量路径是整个多径传输的瓶颈,会影响其他路径的性能,并引起整体的吞吐率下降。AeroMRP 使用 Raptor 码作为 FEC 码来避免重传和解决低质量路径引起的线头阻塞问题,在高分组丢失、长时延的异构多径网络中能显著提高性能。

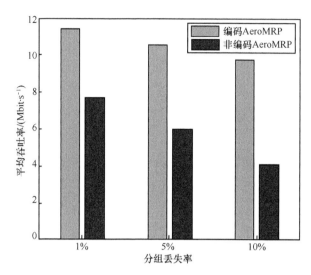

图 7-10　不同分组丢失率下，非编码 AeroMRP 和编码 AeroMRP 的平均吞吐率对比

2. 与其他多径传输协议的性能对比

实验比较 AeroMRP 和 MPTCP、HMTP 以及 FMTCP 的性能，后 3 个协议是基于 TCP 的多径传输协议。没有选择基于 UDP 的多径传输协议，因为这些协议没有提供可靠性保证。实验使用两个指标来评价这 4 个协议：负载和吞吐率。实验拓扑为图 7-4 所示的异构多径网络拓扑，设置 $N=3$。仿真参数设置见表 7-4，P_{loss} 设置为 0.1。实验结果见表 7-5。

表 7-4　多径航空自组网仿真参数设置

路径	时间/s	状态/(Mbit·s⁻¹)	航空信道参数		
			带宽	时延/ms	分组丢失率
A	0～120	正常状态	10	20	P_{loss}
B	0～120	正常状态	2	200	P_{loss}
C	0～30	良好状态	5	50	$0.5 P_{loss}$
	30～60	较差状态		100	$2 P_{loss}$
	60～90	正常状态		80	P_{loss}
	90～120	较差状态		100	$2 P_{loss}$

表 7-5   AeroMRP 和其他多径传输协议的性能比较

协议	数据分组开销	控制分组开销	吞吐率/(Mbit·s⁻¹)
MPTCP	0	0.045 5	7.965
HMTP	0.135 8	0.037 8	8.522
FMTCP	0.035 8	0.053 8	9.573
AeroMRP	0.036 1	0.043 5	9.756

众所周知，开销是评价网络协议的一个重要性能指标。见表 7-5，MPTCP 没有数据分组开销，因为它不使用 FEC 码。但是，由于异构多径网络中的线头阻塞问题，MPTCP 会遭遇吞吐率下降。HMTP 使用停等机制发送编码分组，该机制不能保证数据及时地到达接收端，可能出现没有足够编码分组来进行解码的情况。所以，HMTP 不得不重传更多的编码分组，导致了大量的数据分组开销和低的吞吐率。FMTCP 使用拥塞窗口大小计算分组丢失冗余，在此基础上，AeroMRP 还进一步根据不同的航空应用类型计算分组丢失冗余。因此这两个协议的数据分组开销都比较小。但是，由于 FMTCP 有大量的确认报文，它的控制分组开销相对高。相比 FMTCP，AeroMRP 的 SNACK 机制减少了确认报文，这使得它的控制分组开销较低。

从表 7-5 中，可以进一步观察到，AeroMRP 达到了比其他 3 个协议更高的吞吐率性能。主要原因如下：① AeroMRP 使用 Raptor 码来避免重传和减少低质量路径的影响；② AeroMRP 使用了基于反馈的数据分组调度机制，该机制不仅考虑了航空网络状态，还考虑了拥塞控制机制中的确认信息，它确保了数据块的最小传输时延和高吞吐率。因此，AeroMRP 在动态异构多径的航空自组网中提供了高效、可靠的数据传输服务，同时维持了较低的开销。

| 7.6   小结 |

本章针对飞机具有多个接口的特性，提出了适用于异构多径航空自组网的高效可靠传输协议 AeroMRP。协议利用 Raptor 码作为 FEC 码避免重传和解决多径网络中的线头阻塞问题。Raptor 码的编码速率参数在传输过程中实时调整，以适应时变航空网络状态和航空应用特点。基于反馈的数据分组调度机制不仅考虑了航空网络状态，还考虑了拥塞控制机制中的反馈信息，从而协调多径传输。AeroMRP 在 NS3

中使用不同的网络场景进行仿真评估。实验结果显示，AeroMRP 优于其他的多径传输协议，能在异构多径的航空自组网中提供可靠且高效的数据传输服务。

┃ 参考文献 ┃

[1] MEDINA D, HOFFMANN F, AYAZ S, et al. Topology characterization of high density airspace aeronautical ad hoc networks[C]//IEEE International Conference on Mobile Ad Hoc and Sensor Systems. Piscataway: IEEE Press, 2008: 295-304.

[2] ERTURK M C, HAQUE J, ARSLAN H. Challenges of aeronautical data networks[C]// 2010 IEEE Aerospace Conference. Piscataway: IEEE Press, 2010: 1-7.

[3] ZHONG D, ZHU Y, YOU T, et al. Topology control mechanism based on link available probability in aeronautical Ad Hoc network[J]. Journal of Networks, 2014, 9(12): 3356-3366.

[4] RILEY G F, HENDERSON T R. The ns-3 network simulator[J]. Modeling & Tools for Network Simulation, 2010: 15-34.

[5] IYENGAR J R, AMER P D, STEWART R. Concurrent multipath transfer using SCTP multihoming over independent end-to-end paths[J]. IEEE/ACM Transactions on Networking, 2006, 14(5): 951-964.

第 8 章
TCP 延迟更新模块的研究

在目前的空间网络中，为了能够缓存大量突发分组，避免分组丢失，常常需要路由器有足够大的缓存容量，然而 TCP 的拥塞控制机制以分组丢失作为拥塞标志，这将导致缓存中充满大量数据。过多的缓存数据增加了网络时延，出现了过度缓存问题。为了解决过度缓存问题，本章对 TCP 进行了修改，提出了一个简单易行的 TCP 延迟更新模块，并基于 Cubic 进行了实现和验证。

|8.1 引言 |

第 8～10 章研究的传输协议都是对传统 TCP 进行优化改进的协议。本章针对空间信息网络中可能出现的过度缓存问题，研究既能和现有 TCP 相结合，同时又不影响网络整体性能的空间信息网络传输协议。

目前解决过度缓存的方法主要有两类：一是采用主动队列管理（Active Queue Management，AQM）技术[1-3]，通过与先进先出（FIFO）队列不同的调度和分组丢失方式，降低排队时延；二是采用端到端的方法，即使用优先级低于尽力而为服务的拥塞控制机制。AQM 技术需要中间路由的支持，短期内无法应用于互联网。而现有的低优先级拥塞控制机制由于公平性问题，也不适用于当前的网络中。本章选择基于 TCP 修改来缓解过度缓存问题，这是因为端到端的解决方法比基于路由的方法，更加方便可行。

为了能以一种简单有效的方式缓解网络中的过度缓存问题，本章设计并基于 Cubic 实现了一个 TCP 延迟更新模块，该模块通过引入带宽利用率和时延抖动共同预测拥塞的临界点。在即将发生分组丢失前，适当减小拥塞窗口或延迟窗口更新，以避免加剧拥塞，减少不必要的分组丢失和排队时延。在网络不拥塞时，则依照原有协议进行窗口更新。模块只有在探测到拥塞时才被启用，不影响正常的窗口更新，更不会因为时延估计的误差导致公平性问题。仿真实验结果表明，延迟更新模块与原有协议共同实现拥塞控制，简单易行，能够在保证全网传输效率的同时，有效减少分组丢失，降低排队时延，同时也具备较好的公平性和 TCP 友好性。

8.2　TCP 延迟更新概述

本节主要阐述 TCP 延迟更新方法的基本原理。由于 TCP 数据流具有自相似性，即 TCP 数据流在开始时会采用激进的方式争夺带宽，当大量数据流进入后，瓶颈链路开始出现拥塞，链路上的所有数据流几乎同时感知到分组丢失，但此时感知到的分组丢失至少已滞后一个 RTT 的时间，其间的分组可能已丢失。如果能够及时感知到网络中即将发生分组丢失，然后适当减小拥塞窗口或者保持当前拥塞窗口大小，便可缓解拥塞，减少分组丢失，同时保证一定的带宽利用率。

本节设计了 TCP 延迟更新模块，与现有的拥塞控制算法相结合，周期性地对网络拥塞进行预测。在探测到严重拥塞，即将发生分组丢失时，直接减小拥塞窗口；轻度拥塞时，保持当前拥塞窗口；而网络不拥塞时，使用原有的拥塞控制方法进行窗口更新。图 8-1 是以 Cubic 为例来展示的使用 TCP 延迟更新模块后的拥塞窗口演化模型。新协议根据估计的网络带宽利用率和时延抖动开始探测可用带宽，当探测到有轻度拥塞时，将启用 TCP 延迟更新模块，暂停更新窗口，即保持当前窗口大小一段时间，然后继续更新窗口、探测拥塞。当出现分组丢失并进行快速重传和恢复后，TCP 延迟更新模块重置相应的变量，并重新开始探测网络拥塞。在探测到网络严重拥塞时，TCP 延迟更新模块会将窗口适当减小，并保持一段时间，直到探测网络不拥塞时，恢复窗口更新。

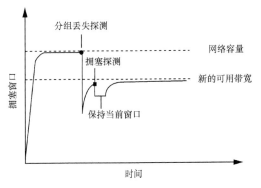

图 8-1　拥塞窗口演化模型（以 Cubic 为例）

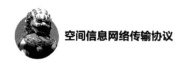

|8.3 TCP 延迟更新模块 |

本节将详细阐述 TCP 延迟更新模块的原理。模块主要包括两个部分：网络拥塞的预测和窗口的更新控制。如图 8-2 所示，延迟更新模块周期性地预测网络拥塞情况，如果预测到网络拥塞，则根据拥塞程度对窗口进行控制；如果未发现网络拥塞，则进行正常的窗口更新。也就是说，模块只在预测到网络发生拥塞时会被调用，而在其他情况下并不影响原有协议的正常运行。

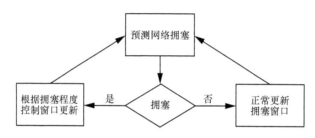

图 8-2　TCP 延迟更新模块的框架

8.3.1　基于带宽利用率的网络拥塞预测算法

现有的拥塞控制方法不同。为了能够更准确地预测网络拥塞，模块采用多位控制信号进行预测，即带宽利用率和时延抖动，通过这两个关键参数估计可能遭遇的拥塞，提早控制速率，避免大量分组丢失，降低排队时延。模块每隔一段时间（记为 Period）进行一次估计，并计算上一次估计至今的带宽利用率和相邻两次估计之间的时延抖动。带宽利用率和时延抖动的计算方法如下。

（1）带宽利用率 U

基于时延的拥塞控制方法（如 TCP Vegas）通过对短期排队时延的估计来探测网络拥塞（即直接使用当前 RTT 以及链路上的最小 RTT 参与窗口的更新），能够及早感知网络拥塞，然而由于时延的估计存在误差，不能很好地反映网络拥塞情况。延迟更新模块并不根据排队时延的短期变化来指示拥塞，而是通过计算带宽利用率 U 来探测排队时延在一段时间内的总体变化趋势，因此可以降低个别误差值对拥塞估计的影响。模块通过式（8-1）估计一定周期内瓶颈链路上的带宽利用率。

$$U = 1 - \frac{\text{noncongested\_num}}{\text{total\_num}} \tag{8-1}$$

其中，noncongested_num 表示周期内经历的 RTT 等于链路上的最小 RTT（min_rtt）的分组数，total_num 表示收到的分组总数。从式（8-1）中可看出，只要收到的分组数足够多，那么少量时延估计的误差并不会对带宽利用率的估算产生太大的影响，因此能够保证拥塞估计的准确性。

（2）时延抖动 jitter

时延抖动反映了链路中时延的变化程度。模块对每次探测周期中所有传输的分组所经历的 RTT 求平均值。将相邻两次探测周期的平均 RTT 分别记为 ave_rtt 和 last_ave_rtt。模块利用相邻两次探测过程中计算的平均 RTT 之差作为时延抖动，即

$$jitter = ave\_rtt - last\_ave\_rtt \tag{8-2}$$

8.3.2　窗口更新控制方法

模块利用带宽利用率和时延抖动共同估计网络的状态，预测网络拥塞程度。根据网络拥塞程度调用不同的窗口更新方法。当带宽利用率 $0.99 < U < 1$ 且时延抖动 jitter>0 时，认为网络拥塞，于是暂时中断原有拥塞控制方法的窗口更新策略，保持当前的拥塞窗口大小；当 $U=1$ 时，模块认为网络严重拥塞，将拥塞窗口适当减小，并启动定时器 suspend_timer，保持这个窗口一段时间，直到定时器超时，之后恢复原有的窗口更新策略。当 $U \leqslant 0.99$ 或时延抖动 jitter$\leqslant 0$ 时，模块认为网络已不拥塞，此时恢复原有协议的窗口更新策略。

8.3.3　TCP 延迟更新模块的具体方案

图 8-3 给出了 TCP 延迟更新模块的具体流程。模块以 Period 为周期对网络拥塞进行预测，使用 suspend_flag 和 flag 标志同时标示当前网络是否拥塞。其中，suspend_flag 的值由第 3.3.1 节中定义的带宽利用率和时延抖动共同决定。当网络负载较重，即带宽利用率 $U>0.99$ 且时延抖动 jitter>0 时，设置 suspend_flag 为 1，

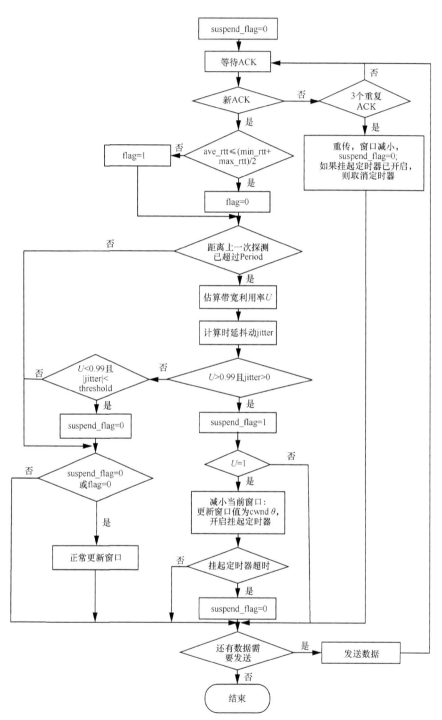

图 8-3　TCP 延迟更新模块的具体流程

尤其是当 $U=1$ 且时延抖动 jitter>0 时，说明网络可能面临严重的拥塞，此时虽然还未检测到分组丢失，但为了避免加剧网络拥塞，造成大量分组丢失，模块提前将拥塞窗口减小为当前窗口的 θ 倍，同时开启挂起定时器；当网络负载变轻，即 $U\leqslant0.99$ 且|jitter|$<$threshold 时，设置 suspend_flag 为 0。flag 用来辅助 suspend_flag 实现拥塞程度的估计，通过计算周期内的平均 RTT（即 ave_rtt），并与最大 RTT（即 max_rtt）、最小 RTT（即 min_rtt）相比较来设置 flag 的值，即当 ave_rtt $\leqslant$ (min_rtt + max_rtt) / 2 时，说明拥塞并非很严重，设置 flag 为 0，否则设置 flag 为 1。只有当 suspend_flag 和 flag 同时为 0 时，才意味着网络已不拥塞，此时可根据原来的协议进行正常的窗口更新，否则说明网络有一定程度的拥塞，因此需要暂停窗口更新，保持当前窗口进行数据发送。

挂起定时器一旦超时，suspend_flag 恢复为 0，以保证在网络负载减小时，能够使用正常的窗口更新策略及时探测可用带宽，从而有效利用带宽资源。此外，当检测到分组丢失时，如果挂起定时器已开启，则取消定时器，同时设置 suspend_flag 为 0，重新开始探测拥塞。挂起定时器时间的设置会影响到模块的性能，如果时间设置过长，则可用带宽增加时，模块可能无法及时感知，而使窗口较长时间处于较小的值，降低了带宽利用率；如果时间设置过短，则可能无法有效控制窗口，达不到缓解进一步拥塞的作用。因此模块引入一个随机数对定时器进行设置，同时保证时长不超过会话过程中测量到的最小 RTT，具体设置为

$$\text{suspend\_timer} = \text{min\_rtt} \times \text{rand}, \text{rand} \sim U(0,1] \tag{8-3}$$

其中，rand 为服从均匀分布的随机数。

| 8.4 仿真实验结果 |

由于 Cubic TCP 具有扩展性好、稳定性高等特点，其已被作为默认的 TCP 版本广泛地用于最近的 Linux 内核版本（Linux2.6.18 版本之后）中。此外，最近对网络中 5 000 个最流行的 Web 服务器的研究显示，在这些服务器使用的 TCP 版本中，TCP Reno 占 16.85%～25.58%，BIC TCP/Cubic TCP 占 44.5%，HSTCP/CTCP 占 10.27%～19%[4]。

TCP延迟更新模块可作为一个单独的模块用于不同的端到端拥塞控制协议

中。为了验证模块的有效性，本节基于仿真软件 OPNET Modeler 在 Cubic 中实现延迟更新模块（记为 Cubic+），并与 Cubic 的性能进行比较。实验对比了不同网络场景以及不同大小的路由缓存下的带宽利用率、分组丢失数、公平性、友好性等性能。

8.4.1 实验拓扑

实验采用图 8-4 所示的哑铃状拓扑结构，为了充分验证 TCP 延迟更新模块在目前广泛的网络环境中的有效性，本节将针对两种网络环境进行实验，即低带宽低时延网络（瓶颈带宽为 2 Mbit/s，往返时延 RTT 为 20 ms）和高带宽长时延网络（瓶颈带宽为 400 Mbit/ s，往返时延 RTT 为 120 ms）。在低带宽低时延网络环境中，链路的带宽时延积（BDP）仅为 500 B，收发双方的接收缓存设为 1 MB，实验中考虑远大于 BDP 的缓存 500 KB 和接近于 BDP 的 50 KB。高带宽长时延网络中的链路 BDP 为 6 MB，收发双方的接收缓存设为 6 MB，实验中考虑在 BDP 之内的 1 500 KB（约为 1 000 个分组）和 300 KB（约为 200 个分组）。分组大小设为 1 500 B。每个仿真场景持续 200 s。

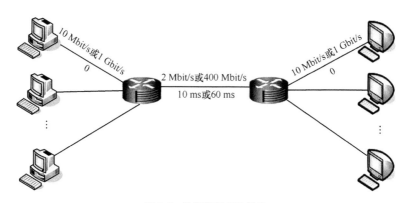

图 8-4　仿真实验拓扑结构

值得注意的是，模块中拥塞估计的周期应该与拥塞控制算法中的任何定时器相互独立，也就是说，这些时间点与拥塞控制算法无关。互联网测量报告[5]中曾指出，大约 75%～90% 的数据流的 RTT 不超过 200 ms，根据图 8-4 的拓扑结构，将低带宽低时延网络场景中的估计周期设置为 100 ms，threshold 设为 30 ms；将高带宽长时延网络场景中的估计周期设置为 200 ms，threshold 设为 0.6 ms。两种场景中均设置

参数 $\theta = 0.9$。

8.4.2　实验结果与分析

（1）单条数据流的实验结果

首先比较网络中只有一条数据流时 Cubic 和 Cubic+的吞吐率、分组丢失率、缓存使用率以及每个分组的平均排队时延，实验结果见表 8-1、表 8-2。

表 8-1　低带宽低时延场景下单条数据流的实验结果

性能指标	路由缓存/KB			
	500		50	
	Cubic	Cubic+	Cubic	Cubic+
平均吞吐率/(Mbit·s⁻¹)	1.999 2	1.998 8	1.999 2	1.998 8
分组丢失率	3.27%	0	0.52%	0
缓存使用率	81.68%	1.74%	67.14%	17.38%
平均排队时延/s	1.61	0.03	0.13	0.03

表 8-2　高带宽长时延场景下单条数据流的实验结果

性能指标	路由缓存/KB			
	1 500		300	
	Cubic	Cubic+	Cubic	Cubic+
平均吞吐率/(Mbit·s⁻¹)	368.67	348.87	203.93	285.68
分组丢失率	0.028 4%	0.029 8%	0.218 7%	0.053 7%
缓存使用率	0.11%	0.11%	1.81%	0.56%
平均排队时延/ms	0.13	0.13	0.42	0.13

从表 8-1、表 8-2 中可见，在两种不同场景下，不论缓存大小，Cubic+的平均吞吐率均稍低于 Cubic，但 Cubic 和 Cubic+均实现了较高的带宽利用率。

由表 8-1 可知，在低带宽低时延场景下，当路由缓存为 500 KB（远大于链路的 BDP）时，Cubic 的分组丢失率高达 3.27%，而 Cubic+没有产生任何分组丢失。在缓存使用率中，Cubic 几乎占用了整个缓存，达到 81.68%，而 Cubic+占用的缓存仅为 1.74%，同时平均排队时延与 Cubic 相比，也减少了 98.14%。这是由于 Cubic 仅以分组丢失作为拥塞指示，在感知到分组丢失时才将拥塞窗口减小，此时大量

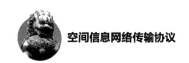

分组可能已经丢失，同时缓存中充斥了大量分组，大大增加了分组的排队时延，出现了明显的过度缓存问题。而 Cubic+ 利用带宽利用率和时延抖动及时估计网络拥塞，虽然还未感知到分组丢失，但根据拥塞程度不同，通过将拥塞窗口减小，或者暂停窗口更新，保持原窗口一段时间，大大减少了分组丢失，同时保证了较低的排队时延。

当路由缓存为 50 KB（接近于链路的 BDP）时，Cubic 能够更早地探测拥塞，因此仅出现少量分组丢失，而 Cubic+ 仍未出现分组丢失。与路由器缓存为 500 KB 时相比，Cubic 的缓存使用率有所下降，但仍然超出了可用缓存的一半，而 Cubic+ 的缓存使用率仅为缓存的 1/3 左右。同时，Cubic 的平均排队时延也大大减少，但仍然比 Cubic+ 高出 4 倍多。

由表 8-2 可知，在高带宽长时延场景下，由于瓶颈链路带宽较大，当网络中只有单条数据流存在时，没有出现明显的过度缓存现象，因此 Cubic 和 Cubic+ 的性能相差不大。当缓存较大时，由于 Cubic+ 不如 Cubic 激进，因此其吞吐率稍低于 Cubic，但仍然达到了 87% 的带宽利用率。在缓存较小时，Cubic+ 的分组丢失率还不到 Cubic 的 1/4，平均排队时延也不及 Cubic 的 1/3，由于较高的分组丢失率导致拥塞窗口频繁减小，Cubic 的吞吐率低于 Cubic+。

图 8-5 所示为在高带宽长时延场景下，Cubic 和 Cubic+ 单条数据流的拥塞窗口变化曲线，可以看出，当路由缓存为 300 KB 时，Cubic 的拥塞窗口和吞吐率出现了剧烈抖动，这是因为 Cubic 不断以增加传输速率来探测可用带宽，因此极易产生分组丢失，致使拥塞窗口频繁减小；而 Cubic+ 的拥塞窗口最大值虽然稍低于 Cubic，但窗口抖动却没有 Cubic 明显。这是因为：① Cubic+ 采用带宽利用率估计来预测拥塞，虽然出现了分组丢失，但并不影响估计的准确性；② 在探测到网络拥塞时，Cubic+ 暂时停止窗口更新，保持当前窗口一段时间，直到网络拥塞有所缓解才开始正常的窗口更新。在图 8-5（b）中 60～80 s 以及 180～200 s 内的窗口基本保持在平稳状态，避免了大量分组丢失，从而实现了比 Cubic 更高的平均吞吐率。当路由缓存为 1 500 KB 时，Cubic 和 Cubic+ 在经过一次分组丢失调整后很快达到了稳态。Cubic 的拥塞窗口一直增加，但受到接收窗口的限制，大小保持在 6 MB 左右，吞吐率也实现了满带宽利用率。Cubic+ 在接近满带宽时，估计到的带宽利用率和时延抖动增加，因此窗口进行了适当的调整，吞吐率也在满带宽附近出现了轻微的抖动。

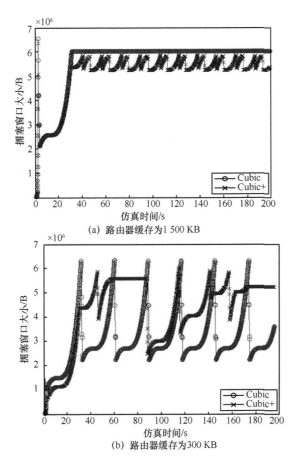

(a) 路由器缓存为1 500 KB

(b) 路由器缓存为300 KB

图 8-5　Cubic 和 Cubic+单条数据流的拥塞窗口变化（高带宽长时延场景）

（2）两条相同数据流的实验结果

考虑网络中有两条相同数据流的情况，此时两条数据流的行为会相互影响。先考察两条数据流同时进入网络的情况，即两条数据流均使用 Cubic 或 Cubic+，且具有相同的 RTT。图 8-6 对比了低带宽低时延场景下 Cubic 和 Cubic+的平均吞吐率和分组丢失率。从图 8-6 中可看出，无论路由缓存为 50 KB 还是 500 KB，Cubic+的总吞吐率均低于 Cubic，而 Cubic+的分组丢失率也以更大的比例低于 Cubic，尤其是当路由缓存为 500 KB 时，Cubic+的分组丢失率为 0。图 8-7 对比了高带宽长时延场景下 Cubic 和 Cubic+的平均吞吐率和分组丢失率。从图 8-7 中可见，Cubic+的总吞吐率仍然稍低于 Cubic。此时，虽然分组丢失率比低带宽低时延场景均有所下降，但 Cubic+的总分组丢失率仍然不及 Cubic 的一半。

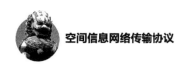

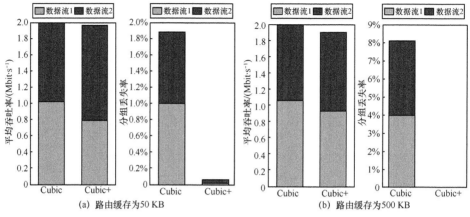

图 8-6　低带宽低时延场景下的平均吞吐率和分组丢失率对比

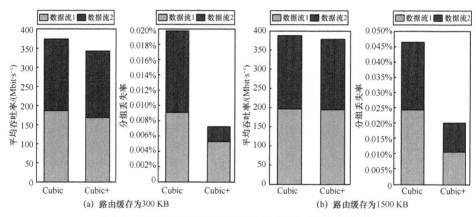

图 8-7　高带宽长时延场景下的平均吞吐率和分组丢失率对比

表 8-3、表 8-4 分别给出了两种场景下，同时存在于网络中的两条数据流的平均吞吐率、分组丢失率、缓存使用率以及链路中平均排队时延的具体结果。从表 8-3 中可以看出，在低带宽低时延场景下，不论路由缓存为 500 KB 还是 50 KB，总体上 Cubic+的总吞吐率稍低于 Cubic，即 Cubic+的带宽利用率稍逊于 Cubic，这是因为 Cubic+在感知到网络拥塞时，会停止窗口增长，甚至提前减小窗口，降低发送速率，这使得 Cubic+不如 Cubic 激进，因此当网络中存在其他数据流时，Cubic+的带宽争抢能力不如 Cubic。但也正因为此，Cubic+不会增加网络的拥塞程度，也不会产生更多的分组丢失。当路由缓存为 50 KB 时，由于缓存较小，两条数据流在竞争过程中均产生了分组丢失，但是 Cubic+的分组丢失率与 Cubic 相比，明显较低，且缓存的使用率还不到 Cubic 的 1/3，因此平均排队时延也仅仅是 Cubic 的 1/3 左右。当路由缓存增加到 500 KB 时，Cubic

会比缓存较小时更晚感知到拥塞，即发现分组丢失时的窗口值会更大，也就意味着可能产生更多的分组丢失。同时，缓存的增加也导致 Cubic 排队时延增大。然而，Cubic+ 的分组丢失率和排队时延基本保持不变，并未因为缓存增加而增加。从实验结果可以看出，此时 Cubic 的分组丢失率有所增加，两条数据流的总分组丢失率达到了 8.12%，而 Cubic+两条数据流的分组丢失数均为 0。Cubic 两条数据流对缓存的使用率达到了 82.08%，而 Cubic+仅为 17.41%，因此导致 Cubic 的平均排队时延为 Cubic+的 40 倍还多。

表 8-3　低带宽低时延场景下两条数据流同时进入网络的实验结果

路由缓存为 50 KB				
协议	Cubic1	Cubic2	Cubic+1	Cubic+2
平均吞吐率/(Mbit·s^{-1})	1.019 1	0.980 5	0.79	1.18
分组丢失率	1.01%	0.87%	0.02%	0.04%
缓存使用率	65.86%		17.20%	
平均排队时延/s	0.13		0.04	
路由缓存为 500 KB				
协议	Cubic1	Cubic2	Cubic+1	Cubic+2
平均吞吐率/(Mbit·s^{-1})	1.063 1	0.926 9	0.933 5	0.963 2
分组丢失率	3.97%	4.15%	0	0
缓存使用率	82.08%		17.41%	
平均排队时延/s	1.63		0.04	

表 8-4　高带宽长时延场景下两条数据流同时进入网络的实验结果

路由缓存为 300 KB				
协议	Cubic1	Cubic2	Cubic+1	Cubic+2
平均吞吐率/(Mbit·s^{-1})	186.85	186.69	169.53	174.28
分组丢失率	0.009 1%	0.010 7%	0.005 3%	0.002 0%
缓存使用率	15.14%		1.09%	
平均排队时延/ms	0.98		0.07	
路由缓存为 1 500 KB				
协议	Cubic1	Cubic2	Cubic+1	Cubic+2
平均吞吐率/(Mbit·s^{-1})	195.78	191.52	195.07	183.21
分组丢失率	0.024 3%	0.022 1%	0.010 4%	0.009 7%
缓存使用率	7.33%		0.37%	
平均排队时延/ms	2.36		0.12	

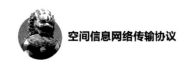
从表 8-4 可以看出，由于高速网络中的链路不与低速网络一样容易拥塞，因此两条数据流共存时，其缓存使用率的变化并不如低带宽中的明显。虽然 Cubic+的吞吐率不如 Cubic，但 Cubic+的总体性能仍然高于 Cubic。随着缓存的增大，Cubic 和 Cubic+的分组丢失率和排队时延均有所增加。但无论缓存为 300 KB 或 1 500 KB，Cubic+总能实现较低的分组丢失率和较短的平均排队时延。当缓存为 300 KB 时，Cubic+的平均排队时延仅为 Cubic 的 7.14%。当缓存增加为 1 500 KB 时，所有数据流的平均吞吐率、分组丢失率和平均排队时延都有所增加，但 Cubic+的平均排队时延却仅为 Cubic 的 1/20 左右。这仍然归功于 Cubic+中准确的拥塞感知特性和对窗口的延迟更新机制。

然后考察两条数据流不同时进入网络的情况，即第一条数据流在 0 s 开始传输数据，直到仿真结束，而第二条数据流在第 15 s 开始传输 15 MB（低带宽低时延场景）/2 GB（高带宽长时延场景）的数据。图 8-8 和图 8-9 给出了两种场景下 Cubic 和 Cubic+的分组丢失率对比。从图中可见，与 Cubic 相比，Cubic+在大多数情况下均能够降低网络中的分组丢失率，尤其是在低带宽低时延场景下。具体实验结果见表 8-5、表 8-6，在低带宽低时延场景下，当路由缓存为 50 KB 时，Cubic+除了保持较少的分组丢失以及较低的排队时延外，短数据流（短流）完成传输所需的时间也比 Cubic 少 6 s。虽然 Cubic 有较好的带宽利用率，但是由于分组丢失太多，一部分带宽被用于重传，浪费了带宽资源，而且分组在路由缓存中排队时延增长，从而导致同样大小的数据需要更长的时间才能传完。在路由缓存为 500 KB 的情况下，两种协议的分组丢失率和平均排队时延均比缓存为 50 KB 时明显降低，因此短流的完成时间也相应增加，但 Cubic+中短流的传输时间仍然比 Cubic 少 12 s。

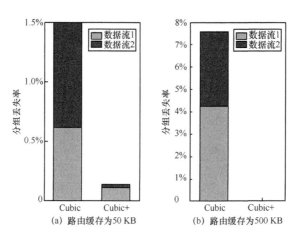

(a) 路由缓存为 50 KB   (b) 路由缓存为 500 KB

图 8-8　低带宽低时延场景下的分组丢失率对比

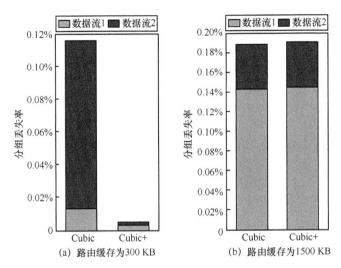

图 8-9 高带宽长时延场景下的分组丢失率对比

在高带宽长时延场景下，当路由缓存为 300 KB 时，Cubic+的分组丢失率和平均排队时延均明显少于 Cubic，因此短流的传输时间也比 Cubic 减少了 34 s。当路由缓存为 1 500 KB 时，各条数据流在分组丢失率几乎不变的情况下，排队时延均明显减少，此时 Cubic+和 Cubic 的分组丢失率接近，但 Cubic 的排队时延却约为 Cubic+的 4 倍，因此 Cubic+的短流传输时间仍然比 Cubic 少 15 s。

表 8-5 低带宽低时延场景下两条数据流先后进入网络的实验结果

路由缓存为 50 KB				
协议	Cubic1	Cubic2	Cubic+1	Cubic+2
分组丢失率	0.61%	0.89%	0.11%	0.03%
平均排队时延/s	0.12		0.04	
短流完成时间/s	118		112	
路由缓存为 500 KB				
协议	Cubic1	Cubic2	Cubic+1	Cubic+2
分组丢失率	4.27%	3.29%	0	0
平均排队时延/s	1.59		0.23	
短流完成时间/s	171		159	

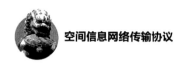

表 8-6　高带宽长时延场景下两条数据流先后进入网络的实验结果

路由缓存为 300 KB				
协议	Cubic1	Cubic2	Cubic+1	Cubic+2
分组丢失率	0.013 1%	0.102 4%	0.003 3%	0.000 98%
平均排队时延/ms	0.535		0.038	
短流完成时间/s	110		76	
路由缓存为 1 500 KB				
协议	Cubic1	Cubic2	Cubic+1	Cubic+2
分组丢失率	0.143 1%	0.045 2%	0.145 6%	0.045 2%
平均排队时延/ms	0.81		0.21	
短流完成时间/s	86		71	

（3）作为背景流的实验结果

接下来考察 Cubic 和 Cubic+分别作为前景流时，对 TCP Reno 和 TCP SACK 传输性能的影响。仿真开始时 Cubic/Cubic+先传输数据，15 s 后 TCP Reno/SACK 开始传输 FTP 数据。在低带宽低时延场景下，当路由缓存为 50 KB 时，前景流传输 5 MB，当缓存为 500 KB 时，前景流传输 500 KB。在高带宽长时延场景下，前景流均传输 300 MB 的 FTP 数据。考察 TCP Reno/SACK 的数据流完成时间及分组丢失率，实验结果如图 8-10 和图 8-11 所示。

图 8-10（a）给出了在低带宽低时延场景下的实验结果。在路由缓存为 50 KB 的情况下，当 Cubic 为背景流时，TCP Reno 和 TCP SACK 的传输时间均为 117 s，而当 Cubic+为背景流时，TCP Reno 和 TCP SACK 的传输时间分别为 38 s 和 32 s，传输时间分别减少了 67.52%和 72.65%。在路由缓存为 500 KB 的情况下，虽然前景流传输的数据减少 500 KB，然而 Cubic 为背景流时，Reno 数据流和 SACK 数据流传输的时间并未大幅减小。这主要有两个原因：一是由于 Cubic 的窗口增长激进，抢了 Reno 和 SACK 应该公平共享的带宽；二是这 3 个协议均为基于分组丢失的协议，它们的协议机制会导致缓存被完全占据，从而增加分组的排队时延，这也是增加数据流完成时间的原因之一。而 Cubic+在感知到有新的数据流进入网络时，利用时延进行带宽利用率探测，并根据探测结果进行适当的窗口调整，并不会抢占大部分缓存，也不会引入太大的排队时延。从实验结果来看，在缓存为 500 KB 时，Cubic 使用的缓存约为 408 KB，Cubic+使用的缓存约为 91 KB，仅为 Cubic 的 22.3%。而 Cubic 的平均排

队时延为 1.62 s，Cubic+为 0.36 s，也仅为 Cubic 的 22.22%。因此在 Cubic+为背景流时，TCP Reno 和 TCP SACK 的传输时间比 Cubic 为背景流时分别减少了 87.74%和75.47%。

图 8-10（b）给出了在高带宽长时延场景下的实验结果，在路由缓存为 300 KB 的情况下，TCP Reno 和 TCP SACK 的传输时间分别为 123 s 和 44 s，而当 Cubic+为背景流时，TCP Reno 和 TCP SACK 的传输时间分别为 69 s 和 38 s，传输时间分别减少了43.90%和13.64%，这主要是因为当 Cubic 为背景流时，总的分组丢失率高于 Cubic+为背景流时总的分组丢失率。在路由缓存为 1 500 KB 的情况下，两种背景流下的总分组丢失率差不多，由于吞吐率增加，不论是 Cubic 还是 Cubic+作为背景流，TCP Reno 数据流和 TCP SACK 数据流的完成时间都有所减少，而 Cubic+作为背景流时，排队时延少于 Cubic 作为背景流时，因此这些数据流的完成时间仍然是最少的。

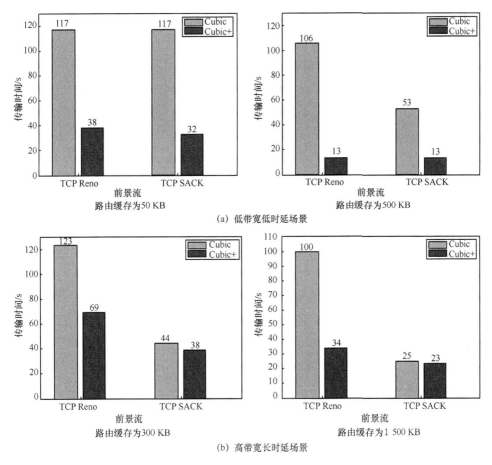

(a) 低带宽低时延场景

(b) 高带宽长时延场景

图 8-10　不同背景流下前景流完成时间

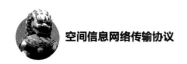

图 8-11 显示了低带宽低时延场景下，不同背景流下网络中分组丢失率的情况，从图 8-11 中可以看出，以 Cubic+为背景流时，网络中总的分组丢失率远小于 Cubic 为背景流时的分组丢失率，特别是在缓存较大（500 KB）时，Cubic+未产生任何分组丢失，而 Cubic 的分组丢失率高达 3.08%（前景流为 TCP SACK 时）。由此可见，Cubic 在作为背景流时，由于过于激进的窗口更新，更易加剧网络拥塞，造成更多的分组丢失，从而影响到网络中其他流的传输性能，而 Cubic+在估计到网络拥塞时，提前控制发送速率，因此不会加剧网络拥塞，保证分组丢失较少，从一定程度上也就保证了网络中其他流的传输性能，有效利用了带宽资源。

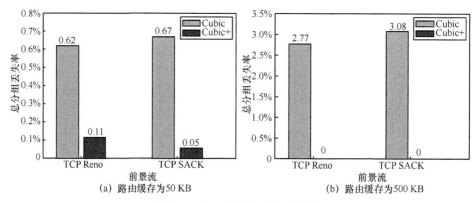

图 8-11　不同背景流下分组丢失率

（4）公平性

为了评价 Cubic+的公平性，考虑两个不同的场景，即多条数据流具有相同 RTT 和不同 RTT 的场景，然后使用 FI 量化并评价协议的公平性。

在具有相同的 RTT 情况下，两条数据流同时进入网络，同时停止传输，在表 8-3、表 8-4 中已得到两条数据流的平均吞吐率，则 Cubic 和 Cubic+的公平性指标见表 8-7。可见，在相同的 RTT 条件下，两种场景下的 Cubic+基本上保持了和 Cubic 一样良好的公平性，甚至在缓存为 500 KB 时，Cubic+的公平性还稍高于 Cubic。

表 8-7　公平性比较

场景	低带宽低时延场景		高带宽长时延场景	
缓存/KB	50	500	300	1500
Cubic	0.999 6	0.995 3	0.999 9	0.999 9
Cubic+	0.962 3	0.999 7	0.999 8	0.999 0

对于不同 RTT 的情况，两种场景下 Cubic+仍然能够实现较好的公平性，这里主要给出低带宽低时延场景下的结果并进行分析。实验考虑两条 TCP 数据流共享瓶颈链路，链路带宽仍为 2 Mbit/s，两条数据流的 RTT 具有不同的比例。其中一条数据流的 RTT 值为 20 ms，另一条数据流的 RTT 值为 40 ms 和 60 ms，因此两条数据流的 RTT 比例分别为 2 和 3。表 8-8 给出了当缓存分别为 50 KB 和 500 KB 时的结果，其中 T1 和 T2 分别表示两条数据流的平均吞吐率，EI 是指共同存在的两条数据流的吞吐率之和，FI 是公平性指数。从表 8-8 可以看出，当路由缓存为 50 KB 时，3 个协议均实现了较好的 RTT 公平性。当路由缓存增大时，RTT 较小的数据流能够占据更多的缓存，从而导致各个数据流之间更加不公平，因此 Cubic 和 Cubic+的公平性指标均有所减弱。但 Cubic+能够很好地控制数据流占用的缓存量，因此仍然实现了比 Cubic 更好的公平性。

表 8-8　EI 和 FI 的仿真结果

路由缓存为 50 KB								
RTT 比例	2				3			
协议	T1	T2	EI	FI	T1	T2	EI	FI
TCP Reno	0.96	1.02	1.98	0.998 9	0.86	1.10	1.97	0.985 4
Cubic	0.99	1.01	2.00	0.999 9	0.87	1.13	2.00	0.983 8
Cubic+	0.94	1.06	2.00	0.996 3	0.97	1.03	2.00	0.999 0
路由缓存为 500 KB								
RTT 比例	2				3			
协议	T1	T2	EI	FI	T1	T2	EI	FI
TCP Reno	0.96	1.04	2.00	0.998 2	0.94	1.06	2.00	0.995 9
Cubic	0.71	1.29	2.00	0.921 5	0.73	1.27	2.00	0.932 5
Cubic+	0.99	1.01	2.00	0.999 8	0.87	1.13	2.00	0.983 0

（5）友好性

为了比较 Cubic 与 Cubic+的 TCP 友好性，实验采用 4 个发送端，其中两个运行 TCP Reno 协议，而另外两个使用其他相同的 TCP 版本（Cubic 或 Cubic+），4 条数据流具有相同的 RTT。在不同的场景下，Cubic+均实现了较好的友好性。

图 8-12 显示了在高带宽长时延场景下的实验结果。当路由缓存分别为 300 KB 和 1 500 KB 时 4 条数据流的平均吞吐率，其中 1 和 2 表示使用新的 TCP 版本的数

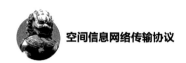

据流，而 3 和 4 表示使用 TCP Reno 的数据流。从图 8-12 中可看出，在缓存较大时，Cubic 和 Cubic+实现的友好性比小缓存下稍好。在两种路由缓存下，Cubic 明显地"偷"了 TCP Reno 的带宽，而 Cubic+并未抑制与之并存的 TCP Reno 数据流，从而比 Cubic 实现了更好的 TCP 友好性。这是因为 Cubic+并不像 Cubic 一样，持续增加拥塞窗口直到分组丢失，而是通过估计带宽利用率和计算时延抖动来估计拥塞，并适当减小拥塞窗口，因此并未占据所有的路由缓存，于是 TCP Reno 可以利用剩余的缓存，最终 TCP Reno 数据流可与 Cubic+数据流实现较好的带宽共享。

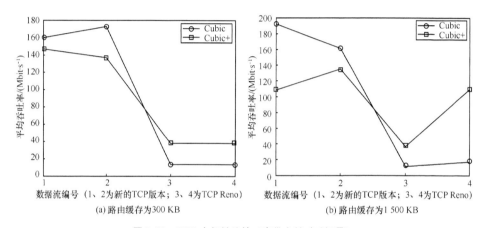

(a) 路由缓存为 300 KB

(b) 路由缓存为 1 500 KB

图 8-12　TCP 友好性比较（高带宽长时延场景）

|8.5　小结|

针对导致网络延迟增加的路由过度缓存问题，本章提出了一个简单易行的 TCP 延迟更新模块，并基于 Cubic 进行了实现和验证。该模块通过引入带宽利用率和时延抖动共同预测拥塞。根据拥塞程度，适当减小拥塞窗口，或延迟窗口更新，以避免加剧拥塞，减少不必要的分组丢失并降低排队时延。而网络不拥塞时，则依照原有协议进行窗口更新。仿真实验结果表明，在不同的场景下，无论缓存大或小，与 Cubic 相比，使用了模块的 Cubic+在保证较高吞吐率的同时，大大减少了分组丢失和排队时延，有效地利用了带宽资源；作为背景流时，Cubic+能够通过适当调整拥塞窗口，减少分组丢失，同时不占用大量路由缓存，因此不影响其他数据流的传输性能，保证其他数据流能够在较短时间内完成传输；对于公平性，Cubic+总能在保证整个网络传输性能的同时，保持公平性以及对其他协议的友好性。由此可见，TCP延迟更新模块可与互联网中的 TCP 结合，缓解网络中的过度缓存问题。

┃ 参考文献 ┃

[1]　FLOYD S, JACOBSON V. Random early detection gateways for congestion avoidance[J]. IEEE/ACM Transactions on Networking, 1993, 1(4): 397-413.

[2]　PAN R, PRABHAKAR B, PSOUNIS K. CHOKe-a stateless active queue management scheme for approximating fair bandwidth allocation[C]//The 19th Annual Joint Conference of the IEEE Computer and Communications Societies (INFOCOM 2000). Piscataway: IEEE Press, 2000: 942-951.

[3]　NICHOLS K, JACOBSON V. Controlling queue delay[J]. Communications of the ACM, 2012, 55(7): 42-50.

[4]　YANG P, LUO W, XU L, et al. TCP congestion avoidance algorithm identification[C]//2011 31st International Conference on Distributed Computing Systems (ICDCS). Piscataway: IEEE Press, 2011: 310-321.

[5]　JIANG H, DOVROLIS C. Passive estimation of TCP round-trip times[J]. ACM SIGCOMM Computer Communication Review, 2002, 32(3): 75-88.

第 9 章
TCP 动态数据压缩方案的研究

随着用户数量和网络应用种类的迅速增长，空间信息网络流量也呈爆发式增加。例如，远程计算技术的大量应用以及长时延网络数据量在近些年都有了巨大的增长。因此亟须为各种各样的网络应用提供高速的数据传输。然而，低带宽的空间信息网络无法满足现有网络应用对带宽的需求。当极度消耗带宽的应用（例如视频播放）运行于一个低带宽链路时，会发生链路拥塞甚至分组丢失，从而导致网络性能严重恶化。通过数据压缩可以减少网络链路中实际传输的应用数据，因此有望改善带宽受限网络的传输效率。数据压缩可部署于网络协议栈的不同层次。本章主要考虑传输层压缩，尤其是 TCP 数据压缩。

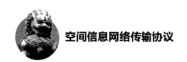

|9.1 引言|

本章针对空间信息网络低链路带宽的网络特性，研究动态 TCP 数据压缩方案，以改善带宽受限网络的传输效率。

已有不少 TCP 拥塞控制方法被提出以增强 TCP 在低带宽网络（包括无线网络和卫星网络等）中的性能，虽然这些方法能够通过优化拥塞控制算法改善带宽利用率，但在带宽有限的网络上，吞吐率方面的性能提升仍然有限。

数据压缩可部署于网络协议栈的不同层次[1-4]。传输层数据压缩能够改善低带宽网络中的传输效率，因为在相同网络条件下，它能减少网络链路上传输的字节数。而要实现动态的 TCP 数据压缩也具有很大的挑战。首先，当传输视频或音频数据时，它们在进入网络前已经经过外部程序的压缩处理，而传输层无法感知应用数据的特征，因此传输层的再次压缩可能是无效的，也不会带来任何性能增益。其次，在压缩过程中使用的数据块越大，实现的性能增益越高。最后，压缩后的数据大小不能超出 TCP 连接的 MSS。如果压缩后数据超出了 MSS，这些数据将被封装为多个 TCP 分段进行发送，而接收端必须收到所有 TCP 分段之后才能统一解压。这将会增加应用层的传递时延。因此，动态 TCP 数据压缩的挑战包括以下 3 个方面。

① 何时执行压缩。

② 应该如何设计压缩方案以使压缩效率最大化。

③ 如何系统分析和评价压缩方案的性能。

本章提出了一个动态 TCP 数据压缩方案 TCPComp，当应用数据到达传输层时，TCPComp 将其分割为多个数据块进行压缩，每个被压缩后的数据块封装为一个 TCP 分段。真实网络的实验验证了 TCPComp 能大大提升带宽受限网络中的 TCP 性能。

| 9.2　TCPComp 方案概述 |

图 9-1 表示了 TCPComp 在 TCP/IP 协议栈中实现的位置以及 TCPComp 的整体框架。

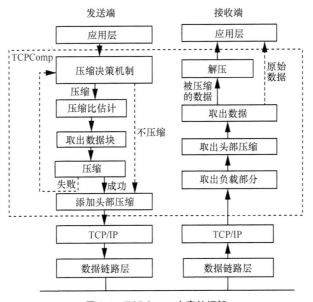

图 9-1　TCPComp 方案的框架

为了标示压缩属性，TCPComp 在每个 TCP 数据分段中使用 2 个字节作为 TCP 头部，如图 9-2 所示。头部压缩用来表明应用数据的传输形式或 TCPComp 中所使用的压缩算法（例如，0 表示不压缩，1 表示使用压缩算法 A，2 表示使用压缩算法 B 等），则 TCPComp 压缩方案中负载部分的大小为 TCP 最大分段大小减去压缩头部的长度，用 TCPComp_MSS 表示即为

$$TCPComp\_MSS = MSS - length(Hdr) \tag{9-1}$$

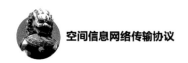

图 9-2　TCPComp 数据分段的结构

在发送端，当应用数据到达时，会被送入套接字层。此时，压缩决策机制被用来确定是否对当前数据执行压缩。如果不执行，数据将以原来的形式传输，否则，一部分应用数据将从缓存中抽取出来进行压缩，然后封装到一个 TCP 数据分段中。被抽取的那部分原始数据量（称为压缩单元大小）可通过很多方法确定。最直接的方式就是每次取出 TCPComp_MSS 的应用数据进行压缩，这样可以避免分配额外的数据缓存。然而，根据前文已知，TCPComp_MSS 比 MSS 小，而 MSS 受到网络设备提供的最小传输单元的限制，一般情况下最大传输单元（MTU）为 1 500 B。如果压缩单元太小，则应用数据的压缩比会比较小，协议的性能提升就不明显。因此，TCPComp 方案通过估计压缩比来确定压缩单元大小，从而获得合适的应用数据进行压缩。然而，该方案需确保压缩后的数据不超过 TCPComp_MSS，以保证能够封装在一个 TCP 数据分段中，然后传递到低层网络。对于给定大小的应用数据，通过估计压缩比来确定压缩单元大小，不仅能够获得更高的压缩效率，也能减少 TCP 分段数，同时增加一个 RTT 内传输的应用数据量。如果压缩后的数据大小超过了原始数据或 TCPComp_MSS，则认为这次压缩失败，数据将以原始形式发送。

在接收端，首先，从 TCP 分段中将负载抽取出来，其中头两个字节为 TCP 头部。然后，根据压缩后的头部的信息抽取和处理所有数据，如果没有执行压缩，则数据被直接传递到应用层。否则，将根据使用的压缩算法进行解压缩，然后传递给上层的应用程序。在这部分研究内容中，作者主要关注发送端的实现，而基本思想可以很容易地扩展到接收端的实现。

|9.3　动态压缩决策机制 |

如前文所述，TCPComp 方案主要由压缩决策机制和压缩比估计算法构成，本节将介绍 TCPComp 方案中的第一个组件，即动态压缩决策机制。由于 TCP 无法感知应用数据的特征，因此有可能对某些数据的压缩是徒劳的，例如视频数据和音频数据，这些数据有可能已经在应用层经过了编码，具有较少的冗余信息。在这种情况下，如何确定哪些数据块可被压缩是一个关键问题。如果应用数据不可压缩，那么为了不影响传输性能，压缩过程必须立刻停止。因此压缩决策机制用来决定何时执行压缩。其详细的工作过程描述如下。

9.3.1　不同应用数据类型压缩比研究

不同类型的应用数据具有不同的压缩比，为了确定什么样的数据可进行压缩，本节对不同应用数据类型的压缩比进行研究。经过互联网传输的应用数据类型通常包括文本、视频和音频等。首先，选择 9 组数据，其中包括文本、视频和音频数据各 3 组，各组数据具有不同的内容。然后，使用一个固定的分段长度（1 446 B）作为压缩单元对这些数据进行压缩，并记录下每组前 10 000 个压缩比值。最后，计算每组数据压缩比的置信区间（置信度为 0.95），结果见表 9-1。从表 9-1 中可以看出，视频数据和音频数据的压缩比低于 1.2，而文本数据的压缩比高于 1.5。

表 9-1　压缩比的置信区间

数据类型	编号	置信区间（置信度=0.95）
文本数据	1	[1.568 6, 1.574 5]
	2	[1.635 7, 1.641 4]
	3	[2.409 4, 2.432 3]
视频数据	1	[1.214, 1.262 1]
	2	[1.046 1, 1.063 6]
	3	[0.996 5, 1.010 3]
音频数据	1	[1.010 8, 1.012 8]
	2	[0.986 6, 1.003 1]
	3	[1.003, 1.037 6]

9.3.2　压缩决策机制

如前文所述，对某些数据（如视频数据和音频数据）的压缩可能是徒劳的，因此在数据传输过程中可能导致大量不必要的压缩开销。为了减小不必要的压缩尝试导致的开销，TCPComp 方案使用动态压缩决策机制来避免不必要的压缩，其核心是一个退避（Backoff）方法。由于同一条数据流中数据的相似性，在一般情况下，当前压缩单元的压缩比与相邻压缩单元的压缩比接近。首先连续对 n 个大小为

TCPComp_MSS 的压缩单元数据进行压缩，如果它们的压缩比均低于某个阈值，记为 CR_thresh，那么有可能即将到来的应用数据也难以压缩。此时，Backoff 过程开始，即接下来的 m 个分段会被直接发送而不进行压缩。如果第 $m+1$ 个分段的压缩比仍然低于 CR_thresh，那么作者认为即将到来的应用数据中可能有更多分段难以压缩。因此，退避因子 m 乘以 2，并且退避过程继续。只要有一个分段的压缩比不低于 CR_thresh，则会重启 TCPComp 正常的处理过程。

CR_thresh 的取值对于 TCPComp 方案的压缩增益很关键，如果取值过高，则数据以压缩形式传输的机会就被降低，反之，取值过低，则由于不必要的压缩尝试导致压缩增益减小，因此需要选择一个合理的取值来获取最大的压缩增益，同时保证最少的失败次数。根据表 9-1 的结果，在 TCPComp 方案中 CR_thresh 的取值为 1.2。

在决策机制中，一旦执行压缩后的数据大于原始数据或 TCPComp_MSS，就认为压缩失败。此时，数据以原来的形式发送。只要压缩后的数据小于原始数据大小，数据才以压缩后的形式传输。

| 9.4 基于卡尔曼滤波的压缩比估计算法 |

本节将介绍 TCPComp 方案中的另一个组件，即压缩比估计算法。数据压缩比与压缩单元大小紧密相关。一般情况下，压缩单元越大，产生的压缩比越高，因此应该选取最优的压缩单元大小来实现更大的压缩效率。为了获取最优的压缩单元，本节使用卡尔曼滤波方法根据前端应用数据的压缩比估计后续即将到来的应用数据的压缩比，根据式（9-2）确定下一个压缩单元的大小。

$$orig\_size_i = expected\_size \times est\_CR_i, \quad i = 1,2,3,\cdots \tag{9-2}$$

其中，est_CR_i 是对即将到来的应用数据压缩比的估计值，expected_size 是期望的压缩后的数据大小，根据第 9.1 节所述，它应该不超过 TCPComp_MSS。expected_size 的取值将在第 9.5.3 节讨论。在本节中，假设 expected_size 的值已确定，从而研究压缩比估计的问题。

大部分情况下，同一条 TCP 数据流中的数据具有一定的相似性，那么当前压缩单元的压缩比可能接近于最近一个压缩单元的压缩比。为了避免过高估计压缩比带来的压缩失败开销，TCPComp 方案希望使用一个相对保守的压缩比估计方法。于是，本研究中将卡尔曼滤波公式中的参数 A_k、$\boldsymbol{B}$ 和 $\boldsymbol{H}_k$ 均设为单位矩阵，u_{k-1}、Q_{k-1} 和 R_k 设为常数。由此得到基于卡尔曼滤波的压缩比估计式，见式（9-3）和式（9-4）。

时间更新方程为

$$\begin{cases} \mathrm{est\_CR}_k^- = \mathrm{est\_CR}_k + u_{k-1} \\ P_k^- = P_{k-1} + Q_{k-1} \end{cases} \tag{9-3}$$

测量更新方程为

$$\begin{cases} K_k = P_k^- / (P_k^- + R_k) \\ \mathrm{est\_CR}_k = \mathrm{est\_CR}_k^- + K_k(\mathrm{CR}_{k-1} - \mathrm{est\_CR}_k^-) \\ P_k = (1 - K_k)P_k^-, \quad k = 1, 2, 3, \cdots \end{cases} \tag{9-4}$$

其中，$\mathrm{est\_CR}_k^-$ 是第 k 步的先验压缩比估计，$\mathrm{est\_CR}_k$ 是第 k 步的压缩比估计，CR_k 是第 k 步得到的真实的压缩比。

一旦压缩单元中的数据以压缩形式传输，TCPComp 方案就会记录下其真实的压缩比值，然后根据式（9-3）和式（9-4）估计下一个压缩比。新的估计值将根据式（9-2）计算下一个压缩单元的大小，并获取相应的数据。如果压缩失败，则认为数据的相关性发生了改变，因此压缩比估计过程将重启，即重新记录新的压缩比，并估计后续压缩比。

| 9.5　性能评价 |

本节在真实网络中对 TCPComp 方案的性能进行了评价，主要包括以下 3 方面的内容。

- 提出 3 个新的性能指标来评价 TCP 压缩方案。
- 基于上一条内容中提出的指标讨论 expected_size 的最优取值。
- 在真实网络中，比较 TCPComp 和内核级压缩方案[5]以及标准 TCP 传输相同数据所需的时间。

9.5.1 性能指标的定义

执行压缩产生的开销会因为硬件和软件不同而有所不同，目前网络协议普遍使用的性能指标（如吞吐率、时延等）无法体现压缩带来的增益和开销，因此有必要针对 TCP 数据压缩方案提出一组新的性能指标，利用这些指标可以从压缩效率的角度尽早了解方案中的数据传输性能，同时也为研究具有更高传输性能的新方法提供可能。本研究中提出 3 个性能指标来系统地表征 TCP 压缩方案的传输性能，它们是分段数、压缩效率和压缩失败次数，分别定义如下。

定义 1：如果压缩后的数据大小不超过 TCPComp_MSS，则 TCPComp 方案会封装压缩后的数据，并添加 TCP 头部，从而形成一个 TCP 数据段。对于给定大小的应用数据而言，这些分段总数被称为分段数。传输的分段数越多，TCP 和 IP 头部的开销就越大。

定义 2：对于给定大小的应用数据，当采用 TCPComp 方案时，原始的应用数据总量与实际传输的 TCP 负载（不包括 TCP 头部）之比被称为压缩效率。在使用 TCPComp 方案时，所有 TCP 负载之和不会超出原始的用户数据，即压缩效率不应该小于 1.0。压缩效率越高，说明通过链路传输的数据越少。

定义 3：TCPComp 方案根据压缩单元的大小获取相应的应用数据进行压缩。如果压缩后的数据大于 TCPComp_MSS 或者原始数据大小，则认为这次压缩过程失败。因此，第三个指标是压缩失败次数，对于给定大小的应用数据，失败次数越多，压缩处理所需的额外开销就越大。

9.5.2 实验系统平台

为了在真实网络中评价 TCPComp 方案的性能，首先将其在 Linux 系统（内核版本为 3.1.4）中实现。图 9-3 所示为实验系统平台，3 个客户端分别部署标准 TCP、内核级压缩方案以及 TCPComp 方案，所有客户端的配置为 Intel Pentium E5300 2.60 GHz processors 和 2 GB DDR2。3 个服务器端配置为 Intel Xeon E7-8870 2.40 GHz processors 和 1 GB DDR3 的计算机。其中客户端位于四川成都的四川大学，而服务器端位于云南昆明的云南师范大学。客户端发送数据，服务器端接收数据并执行相应的解压处理。客户端的互联网接入带宽为 6 Mbit/s，发送端和接收端之间的 RTT 约为 100 ms。

　　无损压缩方案可以用于任何数据类型，且通过解压能够完全恢复原始内容。Zip 算法是一种高效的无损压缩算法，实验中将其作为方案的基本压缩方法，其他压缩算法可以通过类似的方式使用。

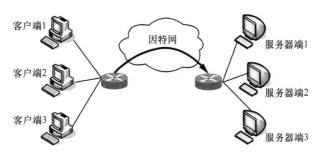

图 9-3　TCPComp 实验系统平台

9.5.3　关于 expected_size 参数取值的讨论

　　为了使方案的性能最优，本节基于第 9.5.1 节提出的指标来讨论式（9-2）中用到的参数 expected_size 的取值。由表 9-1 的结果可知，文本数据的压缩比通常较高，那么这些数据对 expected_size 的取值可能会比较敏感。因此，本节的实验通过 4 个文本文件来讨论 expected_size 的取值，其中前 3 个文件来自于坎特伯雷语料库，第 4 个文件是以 HTML 格式保存的雅虎网主页。这些文件的基本信息见表 9-2。在实验中，MSS 的值为 1 448 B，TCPComp_MSS 为 1 446 B。expected_size 的取值从 100 B 到 1 600 B，步长为 50 B。图 9-4 显示了 expected_size 的取值对 TCPComp 性能的影响。

表 9-2　示例文件的基本信息

文件名	文件大小/B	说明
bible.txt	4 047 392	詹姆斯国王钦定版《圣经》
E.coli	4 638 690	E.coli 细菌完整基因组
pi.doc	1 031 680	圆周率前一百万位数
Yahoo.htm	305 279	雅虎主页

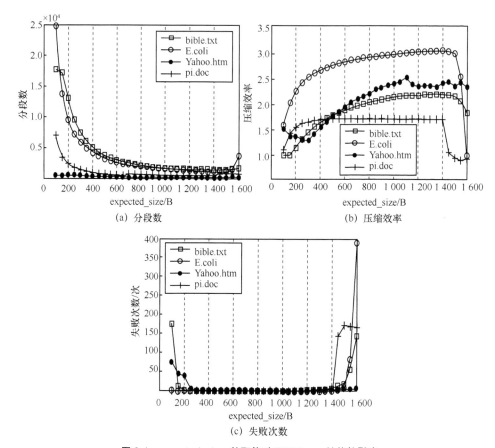

(a) 分段数

(b) 压缩效率

(c) 失败次数

图 9-4   expected_size 的取值对 TCPComp 性能的影响

从图 9-4 中可以看出，expected_size 取值小于 1 400 B 时，所有文件的分段数和失败次数均随 expected_size 的增大而减少，直到 expected_size 取值为 1 400 B；而压缩效率有随 expected_size 的增大而增加的趋势。这是因为压缩单元的大小会随着 expected_size 的增大而增大，从而可以实现更高的压缩比，就第 9.5.1 节定义的 3 个新指标而言，也就可以实现更好的性能。然而，当 expected_size 的取值大于 1 400 B 时，情况发生了变化。由于压缩比估计的过程中不可避免会存在一定误差，如果 expected_size 的取值过大，很可能导致压缩后的数据大于 TCPComp_MSS，最终造成这次压缩失败。当 expected_size 的取值接近 TCPComp_MSS 时，分组数和失败次数增加，同时压缩效率降低。因此，在实验中选择 1 400 B 为 expected_size 的最优值。

在不同的网络中，MSS 的值有可能不同，TCPComp_MSS 亦然。因此 expected_size 的最优值可根据式（9-5）计算得到。在图 9-4 中，TCPComp_MSS 为 1 446 B，而 1 400 B 是 expected_size 的最优值，因此将式（9-5）中 a 的经验值设为 1 400/1 446=0.95。

$$expected\_size = a \times TCPComp\_MSS,\ 0 < a < 1 \qquad (9\text{-}5)$$

9.5.4　压缩比估计算法的实验评价

正如第 9.4 节提到的，TCPComp 使用卡尔曼滤波方法进行压缩比估计。为了评价压缩比估计算法的性能，实验中所有压缩比估计值和对应的真实压缩比被记录下来并进行对比，结果如图 9-5 所示。结果显示，压缩比估计值的变化趋势总体上与压缩比真实值相一致，而且它们的值基本上很接近。由于压缩比估计算法的精确性，TCPComp 可以获得足够多的应用数据，并成功进行压缩。由此可见，基于卡尔曼滤波的压缩比估计算法有助于增加 TCPComp 方案中的压缩效率，减少压缩失败次数。

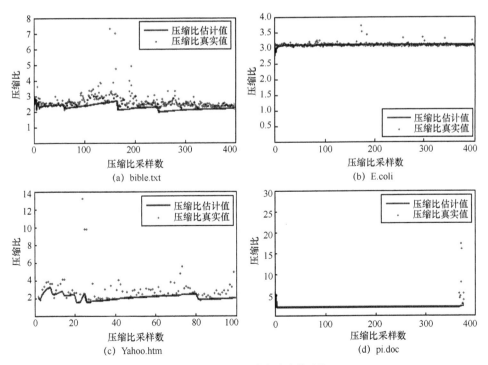

图 9-5　压缩比估计值与真实值对比

9.5.5　与其他方案的性能对比

本节的实验基于图 9-3 所示的实验平台，实验采用 3 种不同的数据（文本、多媒体和混合数据）评价 TCPComp 的传输性能。其中，文本数据来自一些英文版的世界经典小说，多媒体数据是 RMVB 格式的电影《泰坦尼克号》，混合数据来自新浪体育的网页，包括文本、视频、音频和图片。实验中，这些数据被分割成不同大小进行测试，即用户数据大小从 500 KB 到 5 000 KB，步长为 500 KB。客户端分别部署了标准 TCP、内核级压缩方案和 TCPComp 方案，并在同一时刻发送相同的数据到服务器端。表 9-3 给出了 TCPComp 方案在性能评价实验中的参数设置。

表 9-3　TCPComp 方案的参数设置

组件	参数	参数取值
压缩决策机制	CR_thresh	1.2
	n	5
	m	5
压缩比估计	P_0	10
	u_k	10^{-3}
	Q_k	10^{-6}
	R_k	10^{-1}
	expected_size	1 400 B

本研究从分段数、压缩效率和传输时间 3 个方面比较不同方案的性能。图 9-6～图 9-8 显示了 TCPComp 传输文本数据时的性能。从图 9-6 可看出，TCPComp 方案的分段数比标准 TCP 平均减少了约 43.58%，比内核级压缩方案减少约 43.74%，因此大大减少了 TCP 和 IP 的头部开销。此外，内核级压缩方案的分段数比标准 TCP 稍微多一点，这是因为内核级压缩方案采用了 4 个字节的头部，而压缩单元和头部的总大小并未超过 MSS，因此每个 TCP 分段携带的应用数据减少。额外的头部压缩使得 TCP 分段的数目增加。在图 9-7 中，最大压缩比表示在应用层使用 Zip 算法对整个实验数据进行压缩时得到的压缩比。

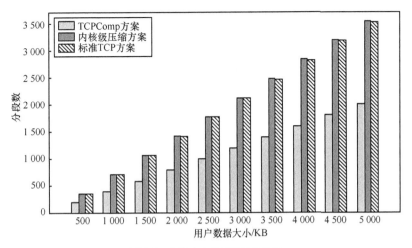

图 9-6　传输文本数据时的分段数

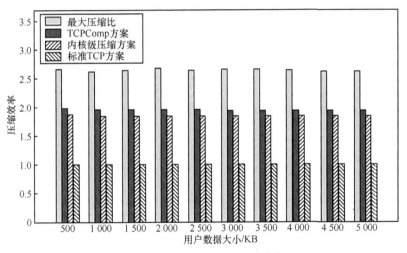

图 9-7　传输文本数据时的压缩效率

　　由图 9-6、图 9-7 可知，由于使用了基于卡尔曼滤波的压缩比估计算法，TCPComp 方案中的压缩效率是标准 TCP 的两倍，同时高于内核级压缩方案。对于相同的应用数据，压缩效率越高表示在链路上传输的数据越少。在同样的网络环境下，这有助于缓解网络拥塞，降低分组丢失的机会，同时减少分组重传次数。因此传输性能可得到显著提升。正如图 9-8 所示，在 TCPComp 中文本数据的传输时间明显少于内核级压缩方案和标准 TCP，其中，TCPComp 的传输时间仅为标准 TCP 的一半左右。

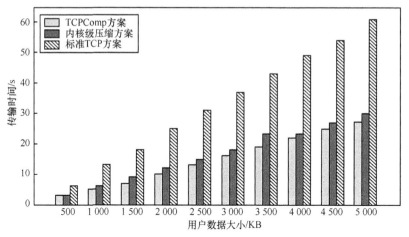

图 9-8　文本数据的传输时间

　　图 9-9 和图 9-10 显示了传输混合数据时的实验结果。混合数据中既包括文本，也包括多媒体数据。虽然数据构成更加复杂，但 TCPComp 的总体性能仍然优于其余二者。从图 9-9 可以看出混合数据的最大压缩比明显小于文本数据。这是因为混合数据中有一些不可压缩的数据，例如视频和图片。不同类型和内容混合在一块的应用数据会引起大量估计误差，因此在混合数据的传输中，压缩比估计算法实现的效率不如在文本数据中的效率。尽管如此，TCPComp 的压缩效率仍然高于其他两种方法，这是因为 TCPComp 能够利用第 9.3 节中提出的动态压缩决策机制从混合数据中区分出可压缩的数据进行压缩。

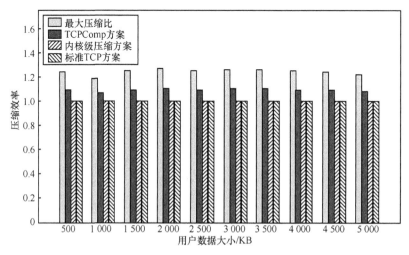

图 9-9　传输混合数据时的压缩效率

从图 9-10 中可以看出，TCPComp 传输混合数据所需的时间仍然比内核级压缩以及标准 TCP 的少。此外，TCPComp 产生的分段数与其他两种方法差不多，即它并没有增加额外的分段数。

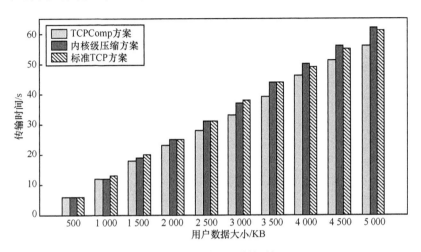

图 9-10　混合数据的传输时间

多媒体数据一般很难压缩，TCPComp 与其他两种方法的传输时间对比如图 9-11 所示。由于采用了第 9.3.2 节提出的退避方法，减少了额外的处理开销，所以在多媒体数据传输中，TCPComp 方案仍然表现出了较好的性能。从图 9-12 可看出，退避方法减少了 TCPComp 方案中的压缩失败次数，从而减少了对多媒体数据的压缩开销。

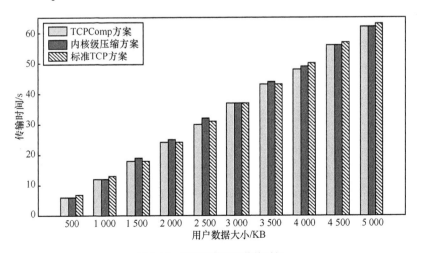

图 9-11　多媒体数据的传输时间

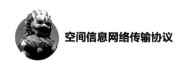

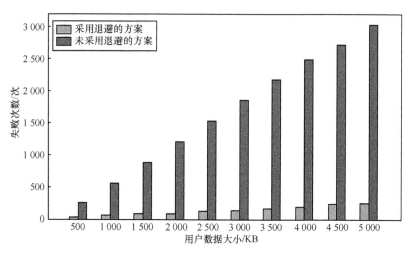

图 9-12　退避方法对 TCPComp 方案中失败次数的影响

|9.6　小结|

本章提出了一个 TCP 动态数据压缩方案 TCPComp，以增强带宽受限网络中的 TCP 性能。这个方案根据压缩决策机制来决定哪个压缩单元可以被压缩，然后利用压缩比估计算法确定压缩单元的大小。通过在真实网络环境中的实验可以看出，尽管传输时间的减少量与数据和内容的统计特性相关，但总体上 TCPComp 的性能优于内核级压缩方案以及标准 TCP。在传输文本数据时，压缩比估计算法为 TCPComp 带来了巨大的性能增益。在传输多媒体和混合数据时，由于使用了高效的压缩决策机制，使得 TCPComp 性能并不比其他两种方法差。

| 参考文献 |

[1]　JEANNOT E. Improving middleware performance with AdOC: an adaptive online compression library for data transfer[C]//The 19th IEEE International Parallel and Distributed Processing Symposium(IPDPS'05). Piscataway: IEEE Press, 2005.

[2]　SHACHAM A, THOMAS M, PEREIRA R, et al. IP Payload compression protocol[R]. IETF RFC 3173, 2001.

[3]　RAND D. The PPP compression control protocol (CCP) [R]. IETF RFC 1962, 1996.

[4]　RAO N S V, POOLE S W, WING W R, et al. Experimental analysis of flow optimization and data compression for TCP enhancement[C]//IEEE INFOCOM Workshops 2009. Piscataway: IEEE Press, 2009.

[5]　LEE M Y, JIN H W, KIM I, et al. Improving TCP goodput over wireless networks using kernel-level data compression[C]//The 18th International Conference on Computer Communications and Networks (ICCCN 2009). Piscataway: IEEE Press, 2009.

第 10 章

自适应拥塞控制机制的研究

随着空间信息网络新的链路技术和子网的不断出现和发展，已有大量针对不同网络环境的 TCP 版本被提出，它们根据各个特定网络的局部特性对 TCP 进行改进，从而实现了较大的性能增益。但是这些版本无法根据低层网络环境自动选择合适的拥塞控制算法。本章针对空间信息网络研究自适应拥塞控制机制。

|10.1 引言|

本章针对空间信息网络动态、异构等网络特性，研究根据低层网络环境自动选择合适的拥塞控制算法的自适应拥塞控制机制。本章与前两章 TCP 性能改进的研究不同，它并不是对 TCP 的局部优化，而是对以前工作的一个补充。

为了适应不断变化的网络环境，研究者提出了一些自适应的方法。这些方法中有的是对 TCP 协议栈参数的改进，但仅靠改变协议参数来改善协议性能效果很有限；有的算法是针对主动队列管理（AQM）网络或软件定义网络的，需要中间设备的协助，例如 OpenTCP[1]；还有的方法需要事前已知或假设网络状态，并需要协议设计者给定目标函数，例如 TCP Remy。因此目前的方法在短期内无法用于空间信息网络中。

本章提出了一个自适应拥塞控制框架，称为自适应拥塞控制框架（Adaptive Congestion Control Framework，ACCF），它能根据网络状态，在现有的拥塞控制机制中自动切换。例如，在数据中心网络中，通过 ACCF 可以利用 DCTCP 的拥塞控制方法，也可以用 Cubic TCP 的拥塞控制方法。而使用何种方法需要根据当前的网络状态决定。作为初步的尝试，本章将 ACCF 用于高 BDP 网络中，从现有的拥塞控制方法中自适应地选择合适的方法。在示例中，基于高 BDP 网络的不同网络设备和链路，ACCF 实现了高效公平的数据传输。经过仿真实验以及真实网络实验，验证了 ACCF 能够满足下列需求。

- 在绝大多数网络状态下能有效利用带宽，包括不同的网络瓶颈链路带宽和各种路由器缓存。
- 具有较好的协议内公平性，特别是当竞争流有不同的 RTT 时。
- 具有较好的 TCP 友好性。

| 10.2 ACCF |

与 OpenTCP 不同，ACCF 是端到端的方法，不需要其他网络设备的协助。首先，ACCF 计算并更新网络参数，如队列时延、分组丢失事件、收到分组之间的到达时间间隔。然后 ACCF 根据这些参数的变化估计当前网络状态；再针对不同的网络状态选择不同的拥塞控制方法。

图 10-1 给出了 ACCF。如图 10-1 所示 ACCF 由 3 个主要组件构成：网络参数更新组件、网络状态估计组件和拥塞控制机制自适应组件。在仔细研究各种网络的特性后，网络参数更新组件抽取和测量那些能够刻画网络状态的参数；网络状态估计组件是 ACCF 的核心，它能够根据一个或多个网络参数对当前的网络状态做出估计；之后，拥塞控制机制自适应组件会选择一个合适的拥塞控制（Congestion Control，CC）机制，CC1、CC2、…、CCn 表示 n 个不同的拥塞控制机制。为了能够确定合适的拥塞控制方法，需要认真分析现有的各种拥塞控制机制的特点并进行归类。

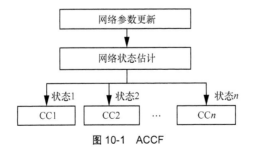

图 10-1 ACCF

（1）控制的时间尺度设置

ACCF 的实现包括 3 个步骤，这 3 步循环执行：① 网络参数更新；② 网络状态

估计；③ 拥塞控制机制自适应选择。循环时间间隔预先给定，设为 T。为了保证网络稳定，T 的数量级应比网络的 RTT 小。经验可知，缓慢地修改 TCP 参数，能够让每个 TCP 会话在再次更新状态前有足够的时间达到稳定。因此，将 T 值设为两个 RTT。

（2）拥塞控制机制的切换

ACCF 能根据网络状态从两个或多个拥塞控制机制中选择最合适的一个。假设有 K 个拥塞控制机制，记为 $P_1, P_2, \cdots, P_K$，根据 Tang 等[2]的研究，当且仅当满足以下 3 个条件时，ACCF 能够保证系统稳定。

- $\forall i, j : 1 \leqslant i, j \leqslant K$，$P_i$ 和 P_j 具有相互兼容的拥塞探测方式。
- $\forall i : 1 \leqslant i \leqslant K$，在任何 P_i 下网络均稳定，P_i 的效用函数为凹函数且是单调函数。
- 拥塞控制机制的切换应在一个比 TCP 窗口动态变化的时间尺度（称为快时间尺度，即 RTT）缓慢的时间尺度 T 上进行。

直观来看，具备相互兼容的拥塞探测方式是指，虽然不同拥塞控制机制会对不同的拥塞信号产生反应（如 TCP Reno 以分组丢失率作为拥塞信号，而 FastTCP 以排队时延作为拥塞信号），但可以通过文献[3]中提出的价格映射函数进行关联。而使用两个时间尺度进行控制，可确保每条数据流在进行新一轮更新前达到稳态。更多对拥塞探测兼容性的详细描述以及稳定性的证明待将来进行。

（3）ACCF 的可行性和扩展性

作为对 ACCF 概念性的证明，接下来将 ACCF 应用于高 BDP 网络中，研究了一个 ACCF 的简单实例。在这个例子中，ACCF 自适应地调节拥塞控制机制。这个实例展示了 ACCF 根据变化的网络状态实现自适应拥塞控制机制的过程。经过真实网络的测试，自适应机制获得的平均吞吐率比其他 TCP 拥塞控制算法高出 225.83%。利用现在可扩展的 TCP 实现机制，能够很容易地在现有拥塞控制机制之间实现切换，甚至在需要时可以引入全新的拥塞控制方案。

10.3 基于高带宽时延积网络的 ACCF 实例研究

目前已提出许多针对高 BDP 网络的协议，包括基于分组丢失的、基于时延的以及同时基于分组丢失和时延的混合方法。在本节中，作者将 ACCF 应用于高 BDP 网络中，并在基于分组丢失和基于时延两种方法间实现自适应切换。

10.3.1　拥塞控制机制的适应性分析

基于分组丢失的方法通过修改 TCP 拥塞避免阶段中的 AIMD，使其更加激进，并且使用分组丢失作为唯一的拥塞信号。因此，吞吐率会在满带宽利用率和低利用率之间振荡，在高速链路上这种振荡更明显。此外，激进的速率增加方式和分组丢失行为将会大大增加中间路由器缓存的负担，从而导致严重拥塞。由此可见，基于分组丢失的方法在高速网络中无法实现满带宽利用。

另外，基于时延的方法利用队列时延作为网络拥塞估计器，并实现了优秀的稳定性能。然而，它们在带宽受限的链路上会遭受严重的性能下降，这是因为在带宽受限的链路上，可能出现大量分组丢失，从而导致队列时延的估计误差[4]。此外，基于时延的方法在小缓存或长时延网络中也会出现不公平性以及不稳定性[5]，正如第 2 章中所描述的。

从上述分析来看，基于分组丢失的方法适用于低速网络，而基于时延的方法在高速网络中具有决定性的优势[6]。因此，当网络带宽利用率较高时，可使用基于分组丢失的方法，而当网络带宽利用率较低时，可使用基于时延的方法。

10.3.2　拥塞控制机制间的切换

根据第 10.3.1 节的分析，ACCF 使用分组丢失事件和拥塞窗口变化两个网络参数来估计网络状态，如图 10-2 所示。在有线网络中，当发生分组丢失时，认为网络可能处于满带宽，而当拥塞窗口大小超过最近一次分组丢失时的窗口（即 $W_{\text{last\_max}}$）时，则认为网络带宽利用率较低。因此，根据当前估计的网络状态，从基于时延和基于分组丢失的方法中选择其一作为拥塞控制机制。也就是说，当估计到网络带宽处于低利用率时，选择基于时延的方法；而当估计到网络带宽处于满利用率状态时，选择基于分组丢失的方法。

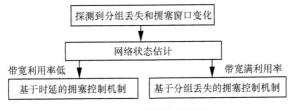

图 10-2　实例的基本框架

这个实例中采用了基于时延的 FastTCP 和基于分组丢失的 Cubic TCP。为简单起见，本例将这两种拥塞控制方法集成到 ACCF 中。网络趋于拥塞时，时延测量值会受到干扰，此时 ACCF 将使用分组丢失信息作为主要的拥塞指示，只有当网络估计为低利用率时才使用时延信息。在这里具体实现为，根据估计的网络状态，使用不同的拥塞控制方法确定目标窗口大小，其窗口更新函数为

$$W_{(t)} = C(t - K)^3 + W_{\max} \tag{10-1}$$

其中，C 为扩展因子，t 为从上次分组丢失到现在经历的时期，K 是函数中从 W 增加到 $W_{\max}$ 所需的时间（假定在此期间没有分组丢失），K 由式（2-3）计算。

$$K = \sqrt[3]{\frac{W_{\max} \beta}{C}} \tag{10-2}$$

其中，β 为窗口减小因子。这个窗口更新函数的自变量是相邻两次网络状态变化之间经历的时间，而非 RTT，将这段时间记为一个 epoch，当发生分组丢失或当前窗口大小超过了 $W_{\text{last\_max}}$ 时，开始一个新的 epoch。因此，窗口的增长独立于 RTT，于是利用这个三次函数，ACCF 能够获得一个凹形的窗口曲线，进而实现高效的传输性能，同时具有 RTT 公平性。图 10-3 描述了拥塞窗口的演化行为。

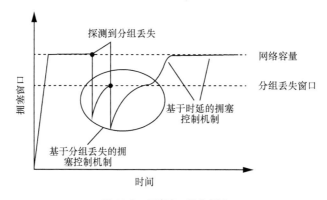

图 10-3 拥塞窗口演化行为

在开始阶段，假设链路利用率较低，为了尽快探测可用带宽，与 FastTCP 类似，拥塞窗口以乘性增长（Multiplicative Increase，MI）模式向着目标窗口更新，而目标窗口值使用时延信息进行计算，其窗口更新函数为

$$W = \min\left\{2w_{\text{old}}, (1 - \gamma)w + \gamma\left(\frac{\text{baseRTT}}{\text{ave\_RTT}} w_{\text{old}} + \alpha\right)\right\} \tag{10-3}$$

其中，w_{old} 表示上一个 RTT 时间段内的拥塞窗口大小，w 表示当前窗口大小，α 表示网络达到稳定状态时路由器中缓存的数据分组数量，$\gamma \in (0,1]$，baseRTT 表示收到的 RTT 最小值，ave_RTT 是平均 RTT。

当发生分组丢失时，即认为链路满带宽，ACCF 记录下分组丢失时的窗口，并切换到基于分组丢失的拥塞控制。完成快速恢复后，ACCF 使用分组丢失窗口作为目标窗口的大小，然后开始向目标窗口值更新拥塞窗口的大小。如果再次发生分组丢失，而且拥塞窗口大小并未超出上一次分组丢失时的窗口，那么目标窗口值被更新为新的分组丢失窗口，而 ACCF 仍然处于基于分组丢失的拥塞控制之中。如果拥塞窗口大于分组丢失窗口，而且没有分组丢失事件发生，则可认为网络中出现了额外的可用带宽，因此，ACCF 会切换回基于时延的拥塞控制中，并根据当前时延重新计算目标窗口的大小。一旦目标窗口大小确定，ACCF 就使用三次函数调整拥塞窗口的大小，使得当前的窗口接近目标窗口。图 10-4 给出了 ACCF 窗口控制算法的流程，具体实现描述如下。

开始阶段：在开始阶段，假设只有少量数据流在网络中，因此链路利用率较低，为了尽快探测可用带宽，ACCF 使用基于时延的拥塞控制来增加拥塞窗口的大小。设置状态变量 baseRTT 来估计网络路径上分组的传输时延，当 TCP 连接建立之后，baseRTT 记录下观察到的最小 RTT。ave_RTT 是经过指数平滑后的 RTT 值，平滑方法与 TCP Reno 使用的一致。之后可得到连接的排队时延 d，即，

$$d = \text{ave\_RTT} - \text{baseRTT} \tag{10-4}$$

使用阈值 mi_threshold 来估计路径上的拥塞，如果 $d < \text{mi\_threshold}$，说明队列较短，于是采用 MI 方案快速增加窗口大小，如式（10-2）所示。否则，说明网络路径正变得逐渐拥塞，于是协议会向目标窗口定期更新拥塞窗口。

$$w = 2w_{old} \tag{10-5}$$

目标窗口的确定：当排队时延 d 超出阈值 mi_threshold 时，ACCF 会根据目标窗口定期更新拥塞窗口，为了保证网络的稳定性，根据网络状态每隔一个 RTT 对目标窗口进行更新。

如果网络利用率较低，则分组丢失事件很少发生，RTT 能被正确估计，在这种情况下，通过排队时延能够较好地探测网络拥塞。因此，采用基于时延的拥塞控制方法来确定目标窗口值，即根据式（10-6）计算 W_{fast}，使之尽快达到稳态。

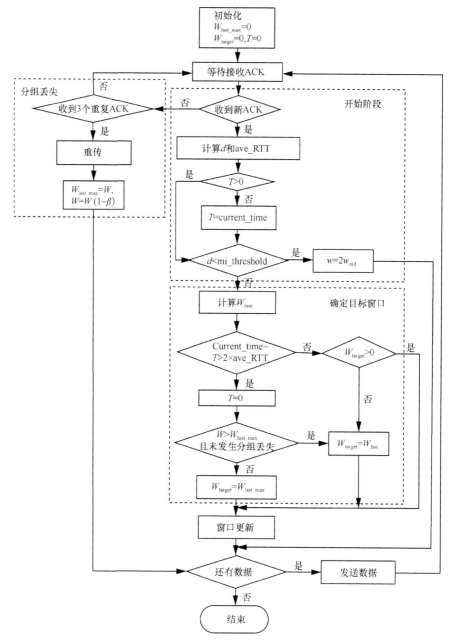

图 10-4　ACCF 窗口控制算法的流程

　　如果发生分组丢失事件，说明网络已经达到满带宽，RTT 的估计便会受到干扰，从而时延信息无法正确反映网络状态。因此，一旦探测到有分组丢失，ACCF 就会切换到基于分组丢失的拥塞控制。将分组丢失事件发生时的窗口大小记为 W_{last_max}，并将其设置为新的目标窗口值。如果分组丢失事件再次发生，同时拥塞窗口未超过 W_{last_max}，W_{last_max} 和目标窗口同时更新为新的分组丢失窗口值。如果快速恢复之后，拥塞窗口值超出了 W_{last_max}，且其间未再次发生分组丢失，ACCF 将再次计算 W_{fast}，并更新目标窗口值。

窗口更新：ACCF 将目标窗口值看作可用的最大带宽，并采用 Cubic 中的三次函数来更新拥塞窗口值，即用 W_{target} 代替式（10-1）中的 W_{max}。一旦目标窗口确定，ACCF 就根据目标窗口与当前窗口之差来更新拥塞窗口，使当前窗口接近目标窗口。利用这个三次函数，ACCF 能实现一个凹形窗口曲线，当目标窗口与当前窗口值差距较大时，ACCF 会快速增加窗口值，在当前窗口接近目标窗口时，窗口增长速度减慢，并且稳定在目标窗口附近，直到网络状态改变。

分组丢失：当探测到分组丢失时，W_{last_max} 的值更新为当前窗口值，然后拥塞窗口根据式（10-6）减小。

$$W = W(1 - \beta) \tag{10-6}$$

其中，β 是窗口减小因子。

| 10.4　实验结果 |

本节基于网络仿真器 OPNET Modeler 和真实的有线网络进行了广泛实验，并给出了实验结果和分析。

10.4.1　基于仿真实验的性能评价

本节通过仿真实验来评价 ACCF 的性能，利用仿真软件 OPNET Modeler 比较 ACCF 与 TCP Reno、Cubic TCP、FastTCP、TCP Illinois 的性能。如图 10-5 所示，实验中采用一个哑铃状的网络拓扑，一个用户或多个用户共享一条瓶颈链路。瓶颈链路带宽分别设置为 400 Mbit/s（表示高速链路）和 5 Mbit/s（表示低速链路）。路由器的队列策略采用先进先出。数据分组大小为 1 500 B，除非特别说明，RTT 设置为 120 ms。每个仿真场景持续 300 s，实验对协议的效率、公平性和 TCP 友好性进行了评价。

对于 TCP Reno、Cubic TCP 和 TCP Illinois，仿真中采用了它们默认的参数设置，对于 FastTCP 和 ACCF，设置参数 $\tau = 400$，ACCF 中 C 和 β 的取值与 Cubic TCP 中的相同，分别为 0.4 和 0.2。

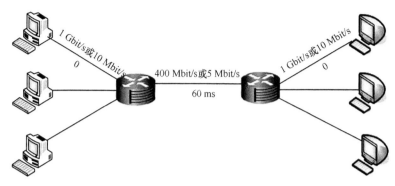

图 10-5　哑铃状拓扑结构

（1）单条数据流的效率

首先评价不同路由缓存大小下单条数据流的效率，图 10-6 显示了瓶颈带宽分别为 400 Mbit/s 和 5 Mbit/s 时，不同路由缓存下各协议的平均吞吐率。如图 10-6（a）所示，所有协议的平均吞吐率都随着缓存的增加而增加，当瓶颈带宽为 400 Mbit/s 时，ACCF 和 Cubic TCP 比其他 TCP 版本实现更高的吞吐率。然而，当缓存低于 500 个分组时，FastTCP 的平均吞吐率迅速降低，甚至低于 TCP Reno 的平均吞吐率。这主要是因为 FastTCP 使用时延信息作为拥塞指示，当缓存较小时，FastTCP 中分组大量丢失，这将导致时延估计的误差。当缓存大小变化时，ACCF 和 Cubic TCP 的吞吐率变化并不明显。当缓存较小时，ACCF 实现了比其他 TCP 版本更高的性能；当缓存较大时，ACCF 的吞吐率稍微增加了一点，然后在缓存高于 500 个分组时，接近满带宽。尽管在缓存变化时，TCP Illinois 的吞吐率也未见明显变化，但其平均吞吐率低于 ACCF。产生这个问题的主要原因有两个。

- 即使分组丢失后，TCP Illinois 仍然使用时延信息来计算拥塞窗口，时延的误差将导致拥塞窗口的增长因子变小，从而降低协议性能。
- TCP Illinois 为拥塞窗口的增长因子设置了最大值和最小值，这将会限制其在高速网络中的带宽利用率。

正如之前所说，ACCF 在分组丢失后使用基于分组丢失的拥塞控制，因此可避免时延估计误差导致的性能下降。Cubic TCP 和 ACCF 均使用凹函数来更新窗口值，这个函数可保持协议和网络的稳定性，同时实现较高的网络利用率。因此，Cubic TCP 和 ACCF 的平均吞吐率高于其他协议。此外，在开始阶段，ACCF 使用 MI 方式来更新窗口值，尽可能探测可用带宽，而 Cubic TCP 使用和 TCP Reno 一样的慢启动机制，因此 ACCF 的平均吞吐率比 Cubic TCP 的稍高一点。

图 10-6（b）显示了在带宽为 5 Mbit/s 时，ACCF 仍然实现了较好的性能。由于 FastTCP 和 Cubic TCP 的窗口增长比较激进，并且仅仅使用分组丢失事件或排队时延作为拥塞指示，当路由缓存少于 15 个分组时，大量分组丢失，FastTCP 和 Cubic TCP 的平均吞吐率迅速下降。此时，由于分组丢失后 TCP Illinois 仍然使用时延信息来计算拥塞窗口，因此也表现出了较差的性能。而 ACCF 的性能与 TCP Reno 不相上下，两者的吞吐率并未随着路由缓存的变化而发生显著变化，当缓存低于 10 个分组时，ACCF 的吞吐率略高于 TCP Reno。这仍然是因为 ACCF 能够根据变化的网络状态自适应地选择拥塞控制方法，并且采用了高效且稳定的窗口增长函数。

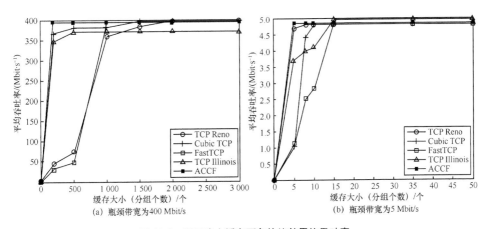

图 10-6　不同路由缓存下各协议的平均吞吐率

其次，对 ACCF 在网络出现不同随机分组丢失率情况下的性能进行评价。图 10-7 给出了瓶颈带宽为 5 Mbit/s，分组丢失率从 10^{-4} 变化到 10^{-3} 时各协议的平均吞吐率。图 10-8 给出了瓶颈带宽为 400 Mbit/s，分组丢失率从 10^{-6} 变化到 10^{-5} 时各协议的平均吞吐率。从图 10-7 和图 10-8 可以看出，所有协议的平均吞吐率均随着分组丢失率的增加而降低，而在所有协议中，ACCF 能够保持一个较高的平均吞吐率。如图 10-7（a）和图 10-8（a）所示，当路由缓存较大时（即在带宽为 5 Mbit/s 时，路由缓存为 50 个分组；在带宽为 400 Mbit/s 时，缓存为 2 000 个分组），ACCF 和 FastTCP 的平均吞吐率相近，且均高于其他协议。当路由缓存较大时，由于网络拥塞导致的分组丢失较少，因此，基于时延的方法能够正确探测网络拥塞，于是可以比基于分组丢失的方法实现更好的性能。值得注意的是，FastTCP 的平均吞吐率比 ACCF 稍

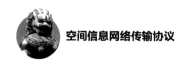

高。这是由于此时部分分组丢失事件是由网络链路的随机错误导致的，而不是网络拥塞导致的，在这种情况下队列时延并未明显增加，因此 FastTCP 的目标窗口并未减少。然而，当探测到分组丢失时，ACCF 会将 W_{last_max} 设置为 W_{target}，而且 W_{last_max} 通常比 W_{fast} 小。这是 FastTCP 的平均吞吐率稍高于 ACCF 的主要原因。图 10-7（b）和图 10-8（b）显示当路由缓存较小时（即在带宽为 5 Mbit/s 时，路由缓存为 5 个分组；在带宽为 400 Mbit/s 时，缓存为 500 个分组），ACCF 仍然实现了较好的性能。当缓存为 5 个分组时，FastTCP 的平均吞吐率明显低于其他协议，在这种情况下，随机分组丢失和拥塞分组丢失同时存在，大量分组丢失导致 FastTCP 性能降低，而 ACCF 在分组丢失后转入基于分组丢失的拥塞控制，并且使用三次函数更新拥塞窗口，因此 ACCF 比其他协议实现了更好的性能。

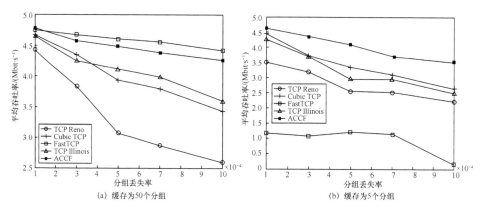

图 10-7　瓶颈带宽为 5 Mbit/s 时平均吞吐率与分组丢失率的关系

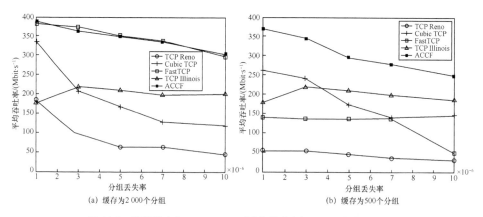

图 10-8　瓶颈带宽为 400 Mbit/s 时平均吞吐率与分组丢失率的关系

(unused)

从以上仿真结果可以看出，ACCF 在平均吞吐率方面的性能优于 FastTCP、Cubic TCP、TCP Illinois 和 TCP Reno。这主要是因为 ACCF 具有自适应的性质。如果路由缓存较大且路由器上没有发生分组丢失，ACCF 便使用基于时延的拥塞控制，基于时延的拥塞控制机制能很好地探测网络拥塞，并快速达到平衡状态。当路由缓存减少，且探测到分组丢失事件时，ACCF 切换到基于分组丢失的拥塞控制，采用三次函数更新窗口，能快速接近拥塞点，并将窗口稳定在拥塞点附近，因此 ACCF 在高速网络和低速网络中均能实现较高的带宽利用率。

（2）公平性

为了评价 ACCF 的公平性，考虑两个不同的场景，即多条数据流具有相同 RTT 和不同 RTT 的场景，并使用 FI 量化并评价瓶颈带宽为 400 Mbit/s 时协议的公平性。

对于具有相同 RTT 的场景，使用同种协议的 3 条 TCP 数据流经过相同的瓶颈链路，所有用户的 RTT 均为 120 ms。3 个发送端在 10 s 的时候同时开始发送数据，并在 300 s 时结束。图 10-9 显示了不同 TCP 中 3 个用户的平均吞吐率。如图 10-9（a）所示，当缓存大小为 2 000 个分组时，不同协议中所有用户公平地共享链路资源，而且 ACCF 几乎达到满带宽利用率。

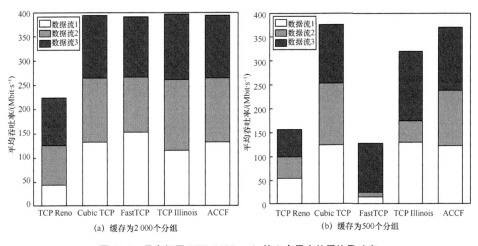

图 10-9　具有相同 RTT（120 ms）的 3 个用户的平均吞吐率

从图 10-9（b）可以看出，随着缓存减少到 500 个分组，所有协议 3 条数

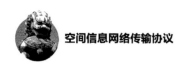

据流的总吞吐率明显降低，且 FastTCP 和 TCP Illinois 的公平性明显下降。此时，ACCF 不仅实现了 3 个用户对链路资源的公平共享，同时还保持了较高的带宽利用率。当缓存较大时，ACCF 中基于时延的拥塞控制模块能很好运行，因此，ACCF 能够实现与 FastTCP 一样好的公平性。当缓存减少到 500 个分组时，分组丢失事件被探测到，时延信息不能正确估计，在这样的网络环境中，FastTCP 和 TCP Illinois 性能低下。而 ACCF 使用基于分组丢失的拥塞控制以及三次函数来调整窗口值，因此它能够同时实现有效的公平性和高带宽利用率。此外，由于使用了 3 次窗口更新函数，Cubic TCP 也实现了较好的公平性及高带宽利用率。

对于不同的 RTT 场景，实验考虑两条 TCP 数据流共享瓶颈链路，链路带宽为 400 Mbit/s，它们的 RTT 具有不同的比例。每条数据流的 RTT 值为 60 ms、120 ms 和 180 ms 之一，因此两条数据流的 RTT 比例分别为 1.5、2 和 3。表 10-1 给出了缓存分别为 500 个分组和 2 000 个分组时的结果，其中 FI 是公平性指数。从表 10-1 可以看出，当缓存大小为 500 个分组时，大部分协议的公平性明显受到 RTT 比例的影响，具有较短 RTT 的数据流比具有较长 RTT 的数据流能获得更高的吞吐率。与其他 4 个协议相比，总体上 ACCF 实现了较好的公平性，同时保持了较高的吞吐率。从表 10-1 中可见，在所有协议中，ACCF 表现得最公平，其次是 Cubic TCP。ACCF 的窗口增长函数与 RTT 无关，这个特性使得在相同瓶颈链路上的 ACCF 竞争流具有几乎相同的窗口大小，实现了较好的 RTT 公平性。

表 10-1　带宽为 400 Mbit/s 时 FI 的仿真结果

缓存为 500 个分组									
RTT 比例	1.5			2			3		
协议	T1	T2	FI	T1	T2	FI	T1	T2	FI
TCP Reno	21.91	76.34	0.765 2	58.60	172.18	0.805 0	22.93	166.78	0.634 9
Cubic TCP	0.14	320.35	0.500 4	140.78	256.90	0.921 4	127.36	269.41	0.886 4
FastTCP	10.47	110.49	0.593 9	4.74	181.82	0.526 0	103.02	227.72	0.875 6
TCP Illinois	94.38	279.90	0.802 8	105.72	291.92	0.820 2	84.54	311.56	0.752 7
ACCF	103.40	259.12	0.844 2	53.54	319.91	0.662 8	189.96	205.11	0.998 5

（续表）

缓存为 2 000 个分组								
RTT 比例	1.5			2			3		
协议	T1	T2	FI	T1	T2	FI	T1	T2	FI
TCP Reno	21.91	76.34	0.765 2	58.60	172.18	0.805 0	22.93	166.78	0.634 9
Cubic TCP	124.42	265.61	0.884 1	124.14	271.66	0.878 0	105.63	291.56	0.820 3
FastTCP	4.18	323.22	0.512 9	154.24	214.07	0.974 3	38.44	355.08	0.607 0
TCP Illinois	105.23	237.31	0.870 6	63.89	333.90	0.684 6	63.74	334.14	0.684 1
ACCF	190.11	198.15	0.999 6	193.87	201.27	0.999 6	189.96	205.11	0.998 5

（3）TCP 友好性

为了评价 TCP 友好性，实验采用 4 个发送端，其中两个运行 TCP Reno 协议，而另外两个运行其他的 TCP 版本，4 条数据流具有相同的 RTT。图 10-10 和图 10-11 显示了不同带宽和缓存大小下 4 条数据流的平均吞吐率，其中 1 和 2 表示使用 TCP Reno 协议的数据流，3 和 4 表示新的 TCP 版本的数据流。从图 10-10、图 10-11 中可以看出，即使带宽和缓存变化，基于分组丢失的 Cubic TCP 总体上表现得不公平，明显地"偷"了 TCP Reno 的带宽，从而减少 TCP Reno 数据流的平均吞吐率。对于基于时延的 FastTCP 协议，如果实验中的缓存数小于协议预先设置的 α（对路由器中可存储的最大分组数的假设），FastTCP 的性能不及 Cubic TCP，如图 10-10（b）和图 10-11（b）所示。在高速链路上 TCP Illinois 的性能比 Cubic TCP 好，而在低速链路上却不如 Cubic TCP。当带宽为 5 Mbit/s、缓存为 50 个分组时，TCP Reno 数据流实现了比 TCP Illinois 数据流更高的吞吐率。同时当路由缓存变大时，ACCF 和 FastTCP 对 TCP Reno 表现了更好的友好性，如图 10-10（a）和图 10-11（a）所示。这是因为，ACCF 此时切换为基于时延的拥塞控制，并在路由器中保持预设的分组数，而剩余的缓存可为 TCP Reno 数据流所用。因此，TCP Reno 数据流可与 ACCF 数据流共享带宽。当路由缓存小于预设的分组数时，ACCF 使用基于分组丢失的拥塞控制方法控制窗口增长，从而导致其友好性与 Cubic TCP 类似。路由器的可用缓存越多，TCP Reno 数据流能够实现的带宽利用率越高。仿真结果显示，在不同的带宽和缓存限制下，ACCF 并没有一直抑制与其并存的 TCP Reno 数据流，而是比其他 3 个 TCP 版本实现了更好的 TCP 友好性。

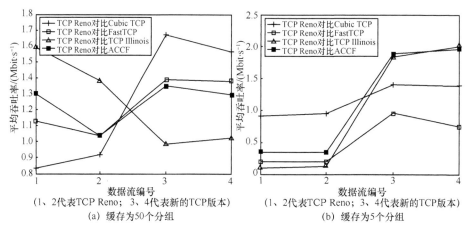

(a) 缓存为50个分组

(b) 缓存为5个分组

图 10-10　带宽为 5 Mbit/s 时的 TCP 友好性

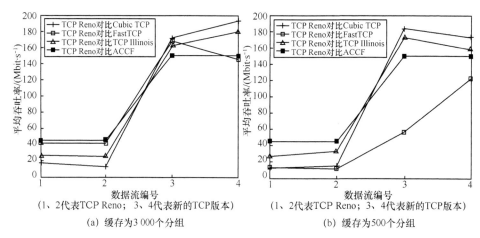

(a) 缓存为3 000个分组

(b) 缓存为500个分组

图 10-11　带宽为 400 Mbit/s 时的 TCP 友好性

10.4.2　真实网络环境中的性能评价

为了在真实的网络环境中测试 ACCF 的性能，本研究在 Linux 内核(v 2.6.18)中以模块的形式实现了 ACCF。为了方便比较，基于 FastTCP 的 NS2 代码在内核中实现了 FastTCP。其他 TCP 版本均能在 Linux 内核 v2.6.18 中获得，包括 TCP Reno、Cubic TCP 和 TCP Illinois。所有需要测试的协议均配置在位于中国成都四川大学的客户端主机上，服务器端主机位于韩国首尔的建国大学。建国大学以 1 Gbit/s 的速率连接到 KOREN 网的首尔交换节点，然后首尔交换节点以 10 Gbit/s 的速率连接到中国教育科研网的香港交换节点。经测试，四川大学和建国大学之间的 RTT 约为 126 ms，服务器和客户端主机均使用 Linux 操作系统（内核版本为 2.6.18）。从位于四川大学的两个客户端主机同时向位于建国大学的服务器发送文件。实验测试了协议在不同接入网络（包括中国电信宽带和中国教育科研网）中的性能。四川大学在 CERNET 的总接入带宽为 1.2 Gbit/s，实验室的中国电信宽带接入带宽为 4 Mbit/s。每个实验持续 5～10 min，因为这个时间长度足以使被测试的协议接近稳态，且这个时间段与互联网上大部分 TCP 会话持续的时间一致（例如，一个独立内容的 YouTube 流、同步电子邮件、刷新网页等）。在一天的 4 个不同时段分别进行测试，将 ACCF 的性能与 TCP Reno、Cubic TCP、FastTCP 和 TCP Illinois 进行比较。实验结果见表 10-2 和图 10-12。从表 10-2 可以看出，与其他 TCP 相比，ACCF 的平均吞吐率最多高出了 225.83%。

表 10-2　真实网络环境中的平均吞吐率

测试组编号	协议	电信宽带/(kbit·s^{-1})	CERNET/(Mbit·s^{-1})
1	ACCF	192.40	1.26
	TCP Reno	159.69	0.44
	性能提升比例	20.48%	189.66%
2	ACCF	176.83	1.16
	Cubic TCP	157.81	0.49
	性能提升比例	12.06%	138.66%
3	ACCF	228.63	1.06
	FastTCP	207.99	0.60
	性能提升比例	9.92%	75.52%
4	ACCF	171.93	1.23
	TCP Illinois	140.21	0.38
	性能提升比例	22.62%	225.83%

图 10-12 给出了不同时段测试的吞吐率变化，数据分别通过 CERNET 和宽带发

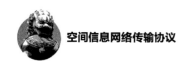
送到首尔。其中，x 轴表示进行实验的 4 个时段，分别为 7:00—8:00、10:00—11:00、16:00—17:00、21:00—22:00。从实验结果可以看出，由于 ACCF 具有自适应的特性，使其在不同的网络状态下能够实现比其他测试协议更高的吞吐率。如图 10-12（a）所示，当通过 CERNET 访问服务器时，在测试的所有时段，ACCF 的性能均明显高于其他协议。在第 1 个时段，ACCF 的吞吐率只比 FastTCP 高出一点，这可能是因为这个时段的网络负载较轻，ACCF 使用了基于时延的拥塞控制方法进行窗口控制。如图 10-12（b）所示，当通过宽带访问服务器时，可用带宽远小于 CERNET。由于窗口增长受限，所有协议的平均吞吐率均变小。然而，ACCF 的吞吐率仍然比 TCP Reno、FastTCP 和 TCP Illinois 高，而与 Cubic TCP 的吞吐率相差不大，尤其是在第 2、3、4 时段。这是因为在网络负载重时，基于时延的方法性能降低，此时 ACCF 采用了基于分组丢失的拥塞控制方法，从而实现了较好的性能。

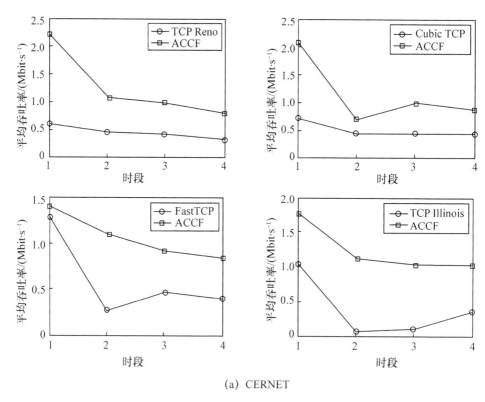

(a) CERNET

图 10-12　不同时段测试的吞吐率变化

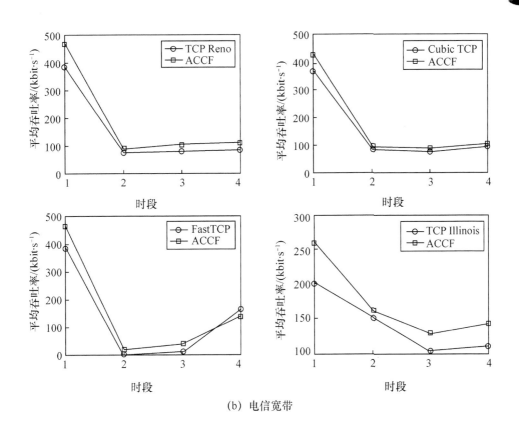

（b）电信宽带

图 10-12　不同时段测试的吞吐率变化（续）

|10.5　讨论|

上述这个简单的实例将 FastTCP 和 Cubic TCP 集成到 ACCF 中，这种方法需要存储和更新所有集成的协议的状态变量，如 ave_RTT、baseRTT 和 Wlast_max 等。随着集成的协议数量增加，端节点的存储和计算开销也会相应增加。但是，本研究认为这些开销对端节点的性能影响极小，这是因为当前的端节点已经具有较大的存储和计算能力，而且现有 TCP 使用的拥塞控制方法也并不十分复杂。

本章是对自适应拥塞控制方法的初步尝试，在 ACCF 能够更广泛地用于各种网络之前还有以下许多工作要做。

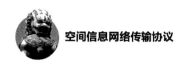

- 需仔细研究大量现有的 TCP 版本，尤其是其中拥塞控制方法的特点，并根据它们适应的网络环境进行分类。
- 抽取更多能够刻画各种网络环境的网络参数。本研究中只使用了两个参数（即分组丢失事件和拥塞窗口变化）估计可用带宽的变化。
- 切换拥塞控制的方法需要进一步研究。当前的实现中，仅仅将两个拥塞控制方法集成到 ACCF 中，除此之外，可通过在端节点安装一个轻量级的代理程序来实现不同拥塞控制方法之间的显式切换。

| 10.6 小结 |

针对不同的网络环境，目前虽然提出了很多 TCP 变体版本，但是这些版本无法根据低层网络环境自动选择合适的拥塞控制算法。本章提出了 ACCF，一个灵活、可扩展、自适应的拥塞控制框架。它能根据网络状态自动切换拥塞控制机制。ACCF 是传输层基于现有 TCP 变体协议的一种切换方案，提供一种基于现有协议选择最优策略的思路；而前章节中（如第 3 章 Hita 协议）是部署在应用层的自适应可靠传输协议，协议策略由机器学习所产生。可以看出两种方案设计思路不同，部署也存在区别，但无论是对现有传输层协议的分析选择，还是基于应用层新型传输方案的提出，在空间信息网络传输协议的研究中都具有重要意义。

本章在高 BDP 空间信息网络中研究了 ACCF 的一个简单实现，展示了 ACCF 如何自适应地调整拥塞控制机制以适应变化的网络情况。在这个实例中，仿真结果以及实际网络环境的测试均显示，与当前的 TCP 版本相比，ACCF 在吞吐率和公平性方面均有明显改善。

| 参考文献 |

[1] GHOBADI M, YEGANEH S H, GANJALI Y. Rethinking end-to-end congestion control in software-defined networks[C]//The 11th ACM Workshop on Hot Topics in Networks (HotNets-XI). New York: ACM Press, 2012: 61-66.

[2] TANG A, WANG J, LOW S H, et al. Equilibrium of heterogeneous congestion control: existence and uniqueness[J]. IEEE/ACM Transactions on Networking, 2007, 15(4): 824-837.

[3] TANG A, WEI X, LOW S H, et al. Equilibrium of heterogeneous congestion control: optimality and stability[J]. IEEE/ACM Transactions on Networking, 2010, 18(3): 844-857.

[4] LIU S, BASAR T, SRIKANT R. TCP-Illinois: a loss and delay-based congestion control algorithm for high-speed networks[C]//The 1st International Conference on Performance Evaluation Methodologies and Tools. New York: ACM Press, 2006.

[5] XU W, ZHOU Z, PHAM D T, et al. Hybrid congestion control for high-speed networks[J]. Journal of Network and Computer Applications, 2011, 34(4): 1416-1428.

[6] WEI D X, JIN C, LOW S H, et al. FAST TCP: motivation, architecture, algorithms, performance[J]. IEEE/ACM Transactions on Networking, 2006, 14(6): 1246-1259.

名词索引

AIMD　30, 34, 36, 44, 115, 116, 165, 215

CCSDS　21, 22, 27, 28

SACK　18, 19, 30, 31, 34, 44, 45, 47, 186, 187, 188

SNACK　21, 22, 24, 30, 31, 45, 132, 134, 138, 149, 150, 153, 156, 158, 170

TCP/IP　16, 17, 21, 22, 47, 49, 50, 195

绑定层　25～27

部分可靠性　24, 54

超时重传　22, 23, 135

窗口控制　22, 37, 39, 40, 62, 81, 82, 85, 89, 103, 107, 108, 112, 113, 217, 229

窗口缩放　18, 23

带宽估计　20, 28, 29, 42, 101

单边部署　43, 44

低优先级　12, 20, 31, 42, 43, 45, 105～108, 111～117, 119, 121～124, 126, 128, 172

队列时延　30, 37～40, 146, 158, 213, 215, 222

多径传输　5, 10, 32, 33, 149, 152～154, 169, 170

分段连接　46

分组失序　10, 28, 29

可靠传输协议　5, 26, 33, 40, 53～56, 63, 77, 79～81, 91, 92, 94, 98, 100, 101, 103, 105, 106, 150, 151, 170, 230

空间信息网　1～5, 7, 8, 10, 11, 15, 27, 46, 80, 132, 172, 193, 194, 211, 212, 230

跨层交互　35

连接状态　20, 32

链路 MTU　19

喷泉码　29, 33～35, 131, 132, 138, 149, 150, 151

时延抖动　40, 64～67, 72～74, 172～175, 177, 179, 180, 190

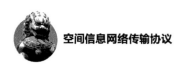

数据分组丢失　7, 10, 22, 23, 24, 26, 55, 56, 62, 67, 73, 89, 94, 115

数据压缩　32, 193～195, 197, 198, 200, 208

双边部署　43, 44

速率控制　23, 35, 41, 45, 54, 62, 112

头部压缩　18, 19, 22, 24, 30, 32

网络编码　28, 29, 32, 34

往返时延　1, 5～11, 15, 18, 21, 23, 25, 31, 40, 42, 63～67, 72, 73, 81, 83, 84, 86, 89, 94, 103, 106, 110, 138, 178

虚拟数据分组　20

选择性重复请求　27

延迟容忍　156, 162

自适应拥塞控制　107, 211, 212, 214, 229